Mit der Lösung eines mathematischen Millennium-Problems zur ersten Million Bargeld? Eine skurrile Vorstellung – und doch hat sie einen ganz handfesten Hintergrund. Sieben wichtige Top-Vermutungen sind es, die bislang den hartnäckigsten Bemühungen der Mathematiker widerstanden haben. Wer eine von ihnen löst, dem winkt nicht nur ewiger Ruhm, sondern auch die stolze Summe von einer Million US-Dollar, die der amerikanische Multimillionär Landon T. Clay ausgelobt hat.

Obwohl einige Problemstellungen hinsichtlich ihres Abstraktionsgrades selbst für gestandene Mathematiker eher eine Zumutung sind, unternimmt Pierre Basieux den Versuch, die *Top Seven* nicht nur verständlich zu machen, sondern auch den Charakter und das Umfeld ungelöster Probleme ganz allgemein durch einführende Darstellungen zu beleuchten. Bewiesene Vermutungen aus jüngster Zeit verstehen sich zum Schluss als Ermutigung auf dem Weg zur ersten Million!

Pierre Basieux studierte Mathematik, Physik, Philosophie und promovierte mit einem Thema aus dem Bereich Operations Research und Spieltheorie. In den achtziger Jahren war er in der Schweiz bei multinationalen Konzernen in leitender Position für Planung, Steuerung und Logistik tätig. Seit 1990 arbeitet er als selbständiger Unternehmensberater.

Zahlreiche Buchveröffentlichungen, darunter das Standardwerk «Roulette: Die Zähmung des Zufalls» (5. Aufl., München 2001). In der *science*-Reihe erschienen: «Die Welt als Roulette: Denken in Erwartungen» (rororo Nr. 19707), «Abenteuer Mathematik» (rororo Nr. 60178), «Die Top Ten der schönsten mathematischen Sätze» (rororo Nr. 60883) und «Die Architektur der Mathematik» (rororo Nr. 61119).

Pierre Basieux

Die Top Seven
der mathematischen Vermutungen

Rowohlt Taschenbuch Verlag

rororo science
Lektorat Angelika Mette

Originalausgabe
Veröffentlicht im Rowohlt Taschenbuch Verlag
Reinbek bei Hamburg, September 2004
Copyright © 2004 by Rowohlt Verlag GmbH,
Reinbek bei Hamburg
Fachliche Beratung der Reihe Eva Ruhnau
Humanwissenschaftliches Zentrum,
Ludwig-Maximilians-Universität, München
Redaktion Astrid Grabow
Umschlaggestaltung any.way, Barbara Hanke
(Illustration Knud Jaspersen)
Satz KCS GmbH, Buchholz in der Nordheide
Druck und Bindung Clausen & Bosse, Leck
Printed in Germany
ISBN 3 499 61932 6

Inhalt

Millennium-Probleme und Dollar-Millionen 7

Die Millennium-Probleme der Zahlentheorie 17
Königin der Mathematik: Die Zahlentheorie 19
Der Heilige Gral: Die Riemann'sche Vermutung 30
Ganzzahligkeit: Die Vermutung von Birch
und Swinnerton-Dyer 37

Die Millennium-Probleme der Topologie 47
Topologie, Geometrien und ihre Algebraisierung 47
Was kein Loch hat, ist eine Kugel: Die Vermutung von
Poincaré 64
Synthese von Algebra und Geometrie: Die Vermutung
von Hodge 73

Die Millennium-Probleme der Mathematischen Physik 79
Ausdrucksformen für Naturgesetze: Differenzialgleichungen 79
Fraktales Wetter, Turbulenzen: Zur Navier-Stokes-Gleichung 90
Elementarteilchen, Quantenfelder: Zur Yang-Mills-Theorie 95

Das Millennium-Problem der Theoretischen Informatik 99
David Hilbert: Urvater der
Programmiersprachen? 99
Zufall, Komplexität, Information, Entropie 103
P = NP oder Kommt Mathematik ohne
glückliches Raten aus? 110
Liegt die mathematische Optimierung bereits in der Natur? 117
Wird die Quanteninformatik Abhilfe schaffen? 120

Berühmte bewiesene Vermutungen aus jüngerer Zeit 129
Fermats letzter Satz: Ein Kraftakt aus über drei Jahrhunderten 129
Vierfarbenproblem und Kepler-Vermutung: Riesige
Ordnungsübungen 134
Der Beweis der Catalan'schen Vermutung: Konzertierte
Treibjagd 146

Weitere ungelöste, allgemein verständliche Probleme 149

Ist die Welt wirklich mathematisch? 165

Verwendete und weiterführende Literatur 179
Register 185

> «Ich habe bemerkt», sagte Herr K., «dass wir
> viele abschrecken von unserer Lehre dadurch, dass wir auf alles eine Antwort wissen.
> Könnten wir nicht im Interesse der Propaganda eine Liste der Fragen aufstellen, die
> uns ganz ungelöst erscheinen?»
>
> **Bertolt Brecht,**
> *Geschichten vom Herrn Keuner*

Millennium-Probleme und Dollar-Millionen

Sieben wichtige Probleme haben bislang den hartnäckigsten Bemühungen der Mathematiker widerstanden. Wer eines von ihnen löst, dem winkt nicht nur ewiger Ruhm, sondern auch die stolze Summe von einer Million US-Dollar. Initiator ist der amerikanische Multimillionär Landon T. Clay, der zu diesem Zweck das Clay Mathematics Institute of Cambridge (CMI), Massachusetts, und die Millennium-Preise stiftete. Das CMI hat sich zum Ziel gesetzt, «die Schönheit, Kraft und Universalität des Denkens zu fördern». Es hofft darauf, dass die ausgelobten Preise nicht nur zu neuen Versuchen führen, diese speziellen sieben Probleme zu lösen, sondern auch mehr junge Leute zur Mathematik locken werden. Ausgewählt wurden sie vom Wissenschaftlichen Aufsichtsrat des CMI, der sich dabei auf wichtige klassische Fragen der Mathematik berief. Diese Probleme sind nicht benannt worden, um die Richtung der Mathematik im nächsten Jahrhundert zu formen. Vielmehr konzentrieren sie sich auf eine kleine Menge seit langem existierender zentraler mathematischer Fragen, die ebenso langjährigen ernsthaften Lösungsversuchen durch Experten widerstanden haben.

Je zwei der sieben Probleme betreffen die Zahlentheorie, die Topologie und die Mathematische Physik, eines betrifft die Theoretische

Informatik. Die mathematischen Probleme der Physik sind keine Vermutungen im engeren Sinne, sondern beziehen sich auf Gleichungen, für die keine exakten, sondern nur Näherungslösungen bekannt sind.

Am 24. Mai 2000 fand am Collège de France in Paris das «Millennium Meeting» statt, an dem namhafte Mathematiker die Präsentationen bestritten. Dazu wurde folgendes Statement[1] an die Presse abgegeben:

Die Mathematik nimmt einen privilegierten Platz unter den Wissenschaften ein, der die Quintessenz des menschlichen Wissens verkörpert und in jedes Feld menschlicher Anstrengungen hineinreicht. Die Grenzen des mathematischen Verstehens entwickeln sich heute in tiefen und unermesslichen Bahnen. Grundlegende Fortschritte gehen Hand in Hand mit Entdeckungen in allen wissenschaftlichen Bereichen. Technologische Anwendungen der Mathematik unterstützen unseren Alltag, inklusive unsere Fähigkeit, mit Hilfe kryptologischer Methoden zu kommunizieren, unsere Fähigkeit, zu reisen und zu navigieren, unsere Gesundheit und unser Wohlbefinden, unsere Sicherheit, und sie spielen auch eine zentrale Rolle in der Wirtschaft. Die Evolution der Mathematik wird von zentraler Bedeutung sein für die Weiterentwicklung der Zivilisation.

Die richtige Einschätzung des Rahmens der mathematischen Wahrheit fordert die Fähigkeiten des menschlichen Geistes heraus. Zur Würdigung der Mathematik im neuen Millennium hat das Clay Mathematics Institute of Cambridge (CMI), Massachusetts, sieben «Millennium-Preis-Probleme» benannt. Der Wissenschaftliche Aufsichtsrat des CMI wählte diese Probleme aus, mit Schwerpunkt auf wichtigen klassischen Fragen, die einer Lösung über die Jahre widerstanden haben. Das Direktorium des CMI hat einen Preisfonds von 7 Millionen $ für die Lö-

---

[1] Der englische Originaltext ist im Internet unter www.claymath.org nachzulesen.

sung dieser Probleme bestimmt, wobei jedem Problem 1 Million $ zugewiesen wird. Ein führender Fachmann auf jedem in Frage stehenden Gebiet hat das Problem jeweils formuliert. Die Regeln für die Zuerkennung des Preises wurden vom Wissenschaftlichen Aufsichtsrat des CMI empfohlen und von den Direktoren befürwortet.

Am Millennium Meeting, das am 24. Mai 2000 am Collège de France stattfand, gab Timothy Gowers für die Allgemeinheit eine Vorlesung unter dem Titel «The Importance of Mathematics», während John Tate und Michael Atiyah über die Probleme diskutierten. Hundert Jahre vorher, am 8. August 1900, hielt David Hilbert seine berühmte Vorlesung über ungelöste mathematische Probleme auf dem zweiten Internationalen Mathematikerkongress in Paris. Dies beeinflusste unsere Entscheidung, die Millennium-Probleme als das zentrale Thema eines Pariser Meetings anzukündigen.

Die Mitglieder des Wissenschaftlichen Aufsichtsrats und des Direktoriums haben die Verpflichtung, die Natur, die Einheit und den Geist dieses Preises zu bewahren.

Paris, den 24. Mai 2000

Die Reaktionen der Presse waren überwältigend. Bereits einen Tag später titelte die Zeitschrift *Nature*: «Values of the abstract. A new set of prizes is an apt celebration of the significance and wonder to be found in pure mathematics.» (25 May 2000, Vol. 405). Artikel in Hunderten von Zeitschriften und Tageszeitungen erschienen, und auch über Fernseh- und Radiosender wurde die Ankündigung verbreitet – wobei das Publikum vermutlich weniger von den zu lösenden mathematischen Problemen, sondern vielmehr von den ausgesetzten Preisgeldern fasziniert war.

Der historische Vorläufer

Das Millennium Meeting vom Mai 2000 hat einen berühmten Vorläufer: Auf dem Internationalen Mathematikerkongress vom August 1900 in Paris hielt David Hilbert, Professor in Göttingen, einen Vortrag mit dem Titel «Mathematische Probleme», der sich als richtungweisend für die Mathematik des 20. Jahrhunderts herausstellen sollte. Wenn ein 38-Jähriger öffentlich versucht, die wesentlichen Probleme für das kommende Jahrhundert zusammenzustellen, erscheint das natürlich anmaßend, denn die Mathematik war auch 1900 schon ein riesiges Forschungsgebiet. Aber Hilbert war nicht irgendwer, sondern durch weit reichende Arbeiten zur Algebra, Geometrie, Mathematischen Physik und Logik ausgewiesen als der führende Mathematiker seiner Zeit (neben Henri Poincaré in Paris, damals 46). Hilberts Liste umfasste 23 Probleme.[2] Damit war der Startschuss für den mathematischen Staffellauf des 20. Jahrhunderts gefallen.

Acht dieser Probleme betrafen die methodische Grundlagenforschung. In der Tat befand sich die Mathematik zu dieser Zeit in einer Grundlagenkrise. Es war Bertrand Russell, der Besorgnis erregende Paradoxa innerhalb der Logik selbst entdeckt hatte, Fälle, in denen das reine, anscheinend wohl fundierte Denken zu Widersprüchen führte. Das erschütterte das Fundament der Logik und damit auch das der Mathematik, die sich ja ebenfalls auf die Logik gründet. Eines dieser von Russell entdeckten Paradoxa war folgendes: Sei M die Menge aller Mengen, die sich nicht selbst als Element enthalten. Enthält die Menge M sich selbst? Wenn ja, dann gehört sie nicht zur Menge aller Mengen, die sich selbst nicht als Element enthalten. Das ist aber gerade die Menge M. Also enthält die Menge M nicht sich selbst. Geht man aber davon aus, sie enthalte nicht sich selbst, landet man schließlich beim Gegenteil der Aussage, mit der man begann:

---

2 Hilbert, D.: *Die Hilbertschen Probleme.*

ein Widerspruch – auch Antinomie genannt.[3] Doch was als harmloses Wortspiel anmuten mag, haben einige große Denker des 20. Jahrhunderts durchaus ernst genommen.

Hilberts Ansatz, die Krise der Logik zu überwinden, bestand in einem vollständigen Formalismus – der «axiomatischen Methode»: Man setzt sich gewisse grundlegende Behauptungen («Postulate» oder «Axiome») sowie wohl definierte Deduktionsregeln und leitet aus den Axiomen unter Verwendung der Regeln gültige Sätze der Theorie her.[4] Hilbert ging es darum, vollkommene Klarheit über die Spielregeln zu schaffen: über die Definitionen und Grundbegriffe, die Grammatik und die Sprache – eine neuartige Radikalität des Vorhabens, die Mathematik völlig zu formalisieren.

Als Kurt Gödel 1931 von Wien aus durch seinen «Unvollständigkeitssatz» der Hilbert'schen Vision den Todesstoß versetzte, war das eine Jahrhundertüberraschung. Doch Hilberts Irrtum erwies sich als außerordentlich fruchtbar. Der Ruhm gebührt ihm also nicht für die (falsche) Antwort, sondern für die gute Frage. Denn mit ihr begründete er ein neues Forschungsgebiet: die Metamathematik. Ihr Ziel ist es, zu ergründen, welche Ergebnisse die Mathematik liefern kann und welche nicht. (Im Kapitel über das Millennium-Problem der Theoretischen Informatik werde ich darauf zurückkommen.)

Von den restlichen 15 Problemen wurden zwölf vollständig gelöst, die anderen weitgehend – mit einer einzigen Ausnahme: Die so ge-

---

3 Über eine Frühform des Russell'schen Paradoxons haben sich bereits die Griechen der Antike den Kopf zerbrochen. Das «Lügnerparadoxon» handelt von einem Ausspruch, den ein Zeitgenosse namens Epimenides getan haben soll: «Diese Behauptung ist falsch.» Ist sie nun falsch? Wenn ja, dann trifft die Behauptung des Satzes zu, also ist sie wahr. Einerlei ob Sie die Behauptung für wahr oder falsch halten: Sie können dem Widerspruch nicht entgehen!
4 Das Vorbild für die axiomatische Methode sind die *Elemente* des Euklid, ein Werk, in dem das gesammelte Wissen der Griechen um 300 v. Chr. in einer auch für heutige Verhältnisse bewundernswerten Klarheit aus den Axiomen entwickelt wird.

nannte Riemann'sche Vermutung bleibt so mysteriös und herausfordernd wie eh und je, sie wird heute als das wichtigste offene Problem der reinen Mathematik angesehen.

Ein paar Regeln des Wettbewerbs

Wenn es um sehr viel Preisgeld geht, ist auch ein gut durchdachtes Korsett von strengen Bedingungen zu erwarten, das den Wettbewerb regelt. So nimmt beispielsweise schon der Prüfungsvorgang viele Monate in Anspruch. Immerhin handelt es sich um die schwierigsten Probleme überhaupt, für deren Lösung Experten Jahre und Jahrzehnte brauchen. Und da ist es nur zu verständlich, dass Expertenkollegen eine gewisse Zeit benötigen, um die Lösung zweifelsfrei nachvollziehen zu können.

Obwohl für die Lösung der Hilbert'schen Probleme keine Preisgelder ausgesetzt waren, kam es immer wieder zu Streit um Prioritäten. So waren die Lösungsangebote in einigen Fällen unrichtig oder enthielten Lücken – was jedoch jahrzehntelang niemandem auffiel.[5] Deshalb haben ausschließlich die Direktoren des CMI die Vollmacht, Geldzuweisungen vom Preisgeldfonds zu veranlassen oder die Konditionen zu ändern. Das Direktorium des CMI fällt auch alle mathematischen Entscheidungen auf der Basis der Empfehlung seines Wissenschaftlichen Aufsichtsrats.

Der Wissenschaftliche Aufsichtsrat (The Scientific Advisory Board, SAB) des CMI zieht die vorgeschlagene Lösung eines Millennium-Preis-Problems dann in Betracht, wenn es sich um eine vollständige mathematische Lösung handelt. (Sollte jemand statt eines Beweises ein Gegenbeispiel entdecken, so wird dieser Fall gesondert behandelt.) Eine vorgeschlagene Lösung zu einem Millennium-Preis-

---

5 Yandell, B. H.: *The Honors Class: Hilbert's Problems and Their Solvers.*

Problem darf nicht direkt beim CMI eingereicht werden. (Dadurch will das Institut vermeiden, jährlich mit Tausenden Einsendungen von Laien überhäuft zu werden, fast immer mit falschen Beweisen, wie das viele mathematische Institute in anderen Fällen kennen; zum Beispiel zum letzten Fermat'schen Satz, zur Goldbach'schen Vermutung, der Frage, ob es unendlich viele Primzahlzwillinge gibt[6], oder sogar zu Problemen, deren Unlösbarkeit schon lange bewiesen wurde, wie etwa zur Quadratur des Kreises, zur Würfelverdopplung oder zur Winkeldreiteilung mit Zirkel und Lineal.)

Bevor eine vorgeschlagene Lösung in Betracht gezogen wird, muss sie in einer offiziellen mathematischen Fachzeitschrift von Weltrang publiziert werden, und sie muss zwei Jahre nach Publikation noch allgemeine Akzeptanz in der mathematischen Gemeinschaft genießen. Nach dieser zweijährigen Wartezeit entscheidet der SAB, ob die veröffentlichte Lösung detaillierter untersucht wird. Im positiven Fall gründet der SAB ein spezielles Aufsichtskomitee, dem zumindest ein SAB-Mitglied und mindestens zwei Nicht-SAB-Mitglieder angehören, die ausgewiesene Experten auf dem Gebiet des betreffenden Problems sind. Nun muss die vorgeschlagene Lösung durch mindestens ein Mitglied dieses speziellen Aufsichtskomitee verifiziert werden.

Das spezielle Aufsichtskomitee berichtet dem SAB innerhalb einer angemessenen Zeit. Auf Grundlage dieses Berichts sowie weiterer möglicher Nachforschungen gibt der SAB den Direktoren eine Empfehlung. Der SAB kann empfehlen, den Preis einer einzigen Person zuzuerkennen. Er kann ebenfalls vorschlagen, dass ein spezieller Preis unter mehreren Personen oder ihren Erben aufgeteilt wird. Dabei wird besonderes Augenmerk darauf verwendet, ob eine Lösung we-

---

[6] Einige dieser noch offenen Probleme werden im Kapitel «Weitere ungelöste, allgemein verständliche Probleme» behandelt. Der letzte Fermat'sche Satz ist bewiesen und wird als erstes Beispiel im Kapitel «Berühmte bewiesene Vermutungen aus jüngerer Zeit» beschrieben.

sentlich auf Erkenntnissen beruht, die vor der in Frage stehenden Lösung publiziert wurden. Der SAB kann (muss aber nicht zwingend) die Anerkennung eines solchen ursprünglichen Werks in der Preisverleihung empfehlen. Hier schließen sich komplizierte Regeln für den Fall an, dass der SAB zu keiner klaren Entscheidung kommt – etwa hinsichtlich der Korrektheit einer Lösung.

Im Falle eines negativen Beweises, eines entdeckten Gegenbeispiels (zu einem Preis-Problem), greifen ebenfalls komplizierte Regeln, die vorsehen, dass auch das Gegenbeispiel nach seiner Veröffentlichung eine zweijährige Wartezeit zu absolvieren hat, bevor es in Betracht gezogen wird. Zudem darf der ursprüngliche Lösungsansatz in diesem Fall umformuliert werden, um sicherzugehen, dass das Gegenbeispiel kein trivialer Spezialfall ist.

Vorgebeugt wurde auch dem möglichen Problem, dass zumindest die Mitglieder des speziellen Aufsichtskomitees hochgradige Fachleute auf dem Gebiet des jeweiligen Problems sind, dessen Lösung sie begutachten sollen, die vielleicht selbst in der Lage wären, es zu lösen – etwa aufgrund einer zündenden, genialen Idee. Hierfür sind weitere Regeln aufgestellt worden, die gewährleisten, dass jeglicher Missbrauch ausgeschlossen wird. Zudem haben praktisch alle entscheidungsrelevanten Beratungen, die die Millennium-Preis-Probleme des CMI betreffen, vertraulichen Status. Ohne die Zustimmung der Direktoren, des SAB und aller involvierten lebenden Personen dürfen weder Niederschriften von Beratungen noch anderweitige Korrespondenz vor Ablauf von 75 Jahren publik gemacht werden.

Den offiziellen englischen Wortlaut aller Regeln und der Teilnahmebedingungen am Wettbewerb sowie natürlich auch die offizielle mathematische Formulierung der *Top Seven* finden Sie im Internet unter www.claymath.org.

Hauptziel dieses Essays ...

... kann es nur sein, die Problemstellungen der *Top Seven* einigermaßen verständlich zu machen. Da die volle fachliche Tiefe dieser Probleme nur den Experten zugänglich ist – und selbst das ungefähre fachliche Verständnis meistens nur ausgebildeten Mathematikern –, wäre es vermessen, in einer populären Darstellung mehr als nur ein paar oberflächliche Aspekte der Millennium-Probleme erläutern zu wollen. Manchmal wird es gar nur möglich sein, einen vagen Eindruck des Rahmens zu vermitteln, in dem diese Probleme ihr eigenes Leben führen.

Die meisten mathematischen Gebiete waren noch nie wie geistiges Fastfood zuzubereiten und zu konsumieren. Andererseits sind sie oft einfach und klar wie Quellwasser, da sie sich ausschließlich auf Dinge des Denkens sowie auf die Beziehungen zwischen ihnen beziehen; die einfachen und glasklaren Regeln der Logik bilden die Hygiene dieser Denktätigkeit. Als Strukturwissenschaft unterliegt vor allem die Mathematik diesem «Reinheitsgebot». Dank ihrer lückenlosen, auf der Logik beruhenden Beweise sind mathematische Aussagen «ewige Wahrheiten» und allein schon aus diesem Grund faszinierend. Doch die Faszination, die von noch unbewiesenen Aussagen ausgeht, also von Vermutungen sowie von noch unbekannten Lösungen von Gleichungen, ist noch gewaltiger.

Gewisse mathematische Fragen und Themen sind für alle schwer zu verstehen, da gibt es keinen weichgespülten Königsweg – denn schließlich besteht die Mathematik nicht aus seichten Computerspielen oder volkstümlicher Schlagermusik. Nur wer eine minimale mathematisch-naturwissenschaftliche Allgemeinbildung hat und sich bemüht, einige wesentliche Voraussetzungen der Probleme zu verstehen, wird die Schönheit der dahinter liegenden Gedanken erahnen können.

Ab und zu werde ich Symbole und Formeln verwenden, in etwa so, wie man Abkürzungen gebraucht. Ich möchte nicht die Illusion nähren, Mathematik sei für jeden mühelos erfassbar, und möchte dem Leser keineswegs suggerieren, er könne die Formeln ruhig überspringen, ohne etwas Wesentliches zu verpassen; denn Trockenschwimmen kann ein bisschen reales Schwimmen nicht völlig ersetzen. Der Leser soll zumindest einen vagen Eindruck verspüren, den Stallgeruch erahnen, wie Mathematiker ihre Gedanken codieren.

Da jedes Symbol und jede Formel ein Objekt des Denkens darstellt, das in aller Regel auch in natürlicher Sprache ausgedrückt wird, empfehle ich dem Leser, beide Formulierungen des Gedankens zu einer Einheit zu verbinden. Schließlich haben die Formeln nicht mehr Wahrheitsgehalt als die entsprechenden Formulierungen in natürlicher Sprache – sie sind nur präziser. Also keine Berührungsangst vor ein paar Formeln! Ein bisschen Zirkusluft schadet nicht.

Obwohl einige Vermutungen hinsichtlich ihres Abstraktionsgrades selbst für gestandene Mathematiker eher Zumutungen sind, wird im vorliegenden Buch der Versuch unternommen, nicht nur die Problemstellungen der *Top Seven* einigermaßen verständlich zu machen, sondern auch den Charakter und das Umfeld ungelöster Probleme ganz allgemein durch parallele Darstellungen zu ergänzen: durch kürzlich gelöste berühmte Probleme sowie durch weitere allgemein verständliche Vermutungen und noch ungelöste Probleme.

In der abschließenden und oft gestellten Frage, ob die Welt mathematisch sei, geht es darum, ob die Gesetze der Natur in der Sprache der Mathematik geschrieben sind oder ob die Mathematik nicht doch nur «weltlich» ist.

Die Millennium-Probleme der Zahlentheorie

So manche modernen Gebiete der Philosophie, der Geistes- und Naturwissenschaften muten wie Wahnsinn mit Methode an. Wenn das auch für die Mathematik gilt, dann ist es jedenfalls der Wahnsinn mit der logischsten Methode. Im Gegensatz zu allem anderen Wissen können bewiesene mathematische Behauptungen nie mehr widerlegt werden; es sind ewige Wahrheiten. Losgelöst von den konkreten Dingen, die den Menschen umgeben, haben die mathematischen Objekte ihren eigenen, lebendigen Geist. Die Poesie der Fiktionen und die Ästhetik des Abstrakten machen die Mathematik zur Lyrik der Wissenschaften.[1]

Über das Verhältnis zwischen Natur und Mathematik, zwischen Welt und Zahl wird im letzten Kapitel noch die Rede sein. Fest steht, dass es keine Wahrnehmung von Realitäten gibt, die absolute Wahrheit für sich in Anspruch nehmen kann. Ohne eine Theorie können wir nicht erkennen, was am Universum real ist – wir besitzen kein modellunabhängiges Konzept der Wirklichkeit. So ist die uns real er-

---

1 Das gilt für die «Mathematik an sich» – jedoch weniger für die Naturwissenschaften, die sich der Mathematik als Sprache bedienen, wie etwa die Physik. Mathematiker dürfen sich von der unheimlichen Macht der Ästhetik den Kopf verdrehen lassen; theoretische Physiker sollten aber den harten Daten den Vorrang geben. Damit kein Missverständnis entsteht: Die Macht der Ästhetik und die Poesie der Fiktionen sind nicht als Befürwortung eines wie auch immer gearteten Platonismus zu interpretieren. Die Mathematik hat ihren Ursprung zweifellos in der Empirie, und die platonische Vorstellung, die Welt sei a priori nach mathematischen Prinzipien konstruiert, erscheint mir wie eine riesige metaphysische Sehnsucht nach dem Absoluten – nicht anders als das (physikalisch begründete) *anthropische Prinzip*, die Idee einer Welt, die ausgerechnet für den Menschen erschaffen wurde. Doch mehr darüber im letzten Kapitel.

scheinende Natur einfach nur unser Modell von ihr. Jede Erklärung, die uns Erscheinungen oder andere Wahrnehmungen plausibel macht, erlangt aber dadurch ebenfalls eine «gewisse Realität». Auch Zahlen sind Teil solcher Erklärungen. Sie sind Beschreibungen, strukturierte Indizes von mehr oder weniger konkreten Dingen und deren Beziehungen untereinander. Trotz des grandiosen Weitblicks, den die abstrakte Sprache der Mengenlehre ermöglicht, sind und bleiben die konkreten Zahlenbereiche samt den zwischen ihnen definierten Funktionen das Herzstück der Mathematik. Seit langer Zeit heißt es schon: Die Mathematik ist die Königin der Wissenschaften ...

Königin der Mathematik: Die Zahlentheorie

Vom deutschen Mathematiker Leopold Kronecker stammt die Aussage: «Die ganzen Zahlen hat Gott gemacht, alles andere ist Menschenwerk.»[2] Heißt das, die Wahrheiten der Mathematik werden bloß erfunden und nicht entdeckt? Vielleicht war das Kroneckers Ansicht, aber die wurde bereits mehr als einmal widerlegt. Schließlich ist jede Erfindung auch die Entdeckung einer realen Möglichkeit – da die Erfindung bei Nichtvorhandensein ihrer potenziellen Möglichkeit natürlich auch gar nicht möglich wäre. Fest steht: Zahlen haben eine gewisse, oben angedeutete Realität. Natürliche Zahlen sowieso – obwohl noch niemand eine in der Natur gesehen hat. Aber auch rationale, irrationale, transzendente und sogar imaginäre Zahlen. Denn sie alle kommen als Beschreibungselemente unserer Wahrnehmungen der Wirklichkeit vor. (Vielleicht wird die absolut präzise Charakterisierung dieser «gewissen Realität» durch eine Art Unschärferelation in Verbindung mit einem komplementären Begriff verhindert – ähnlich wie komplementäre Begriffe, etwa Ort und Impuls, in der Quantenphysik.)

---

[2] Abgesehen davon, dass diese Aussage kein Muster an logischer Widerspruchsfreiheit darstellt, bewies Kronecker nicht gerade Objektivität und Toleranz in seinem Leben – als er etwa Georg Cantor, den Begründer der Mengenlehre, für seinen Beweis der unendlich vielen Stufen der Unendlichkeit rücksichtslos angriff; oder als er zu Ferdinand Lindemann sagte: «Wozu dient Ihre hübsche Untersuchung von Pi? Wozu befassen Sie sich mit solchen Problemen, da es doch keine irrationalen Zahlen gibt?» (Das war im Jahr 1882, demselben Jahr, in dem Lindemann die Transzendenz der Kreiszahl Pi bewies.)

Der herkömmliche Zahlenaufbau von **N** nach **C**

Den Aufbau der verschiedenen Zahlenmengen können wir recht einfach gestalten, indem wir formal die geschichtliche Entwicklung verfolgen, in deren Verlauf sich die Zahlenarten als Lösungsmengen von Gleichungen ergaben. Heute sind wir in der Lage, den Mechanismus dieser Zahlenerweiterungen oder -vervollständigungen strukturell nachzuvollziehen.

Sehen wir uns jedoch zuerst an, wie die «organisch gewachsenen» Erweiterungen stattfanden, und betrachten wir die fünf folgenden einfachen Gleichungen mit der jeweiligen Unbekannten x:

(1) $\quad x - 1 = 0,$
(2) $\quad x + 2 = 0,$
(3) $\quad 2x - 1 = 0,$
(4) $\quad x^2 - 2 = 0$ und
(5) $\quad x^2 + 1 = 0.$

Die Lösung von Gleichung (1), $x - 1 = 0$, lautet $x = 1$, und das ist eine natürliche Zahl; $1 \in \mathbf{N}$. (Die *Menge der natürlichen Zahlen* bezeichnen wir mit $\mathbf{N} = \{1, 2, 3, \ldots\}$ und die Menge der natürlichen Zahlen einschließlich der Null mit $\mathbf{N}_0 = \{0, 1, 2, 3, \ldots\}$.)

Die Lösung von Gleichung (2), $x + 2 = 0$, ergibt sich, indem wir auf beiden Seiten der Gleichung die Zahl 2 abziehen. Das Ergebnis, $x = -2$, ist jedoch keine natürliche Zahl mehr; $-2 \notin \mathbf{N}_0$. Es stellt sich die Frage, wie nun $\mathbf{N}_0$ erweitert werden muss, damit derartige Gleichungen darin eine Lösung haben. Die Antwort: Man erweitert $\mathbf{N}_0$ durch Hinzunahme aller Zahlen der Form $-n$, $n \in \mathbf{N}_0$ und nennt die umfangreichere Zahlenmenge die *Menge der ganzen Zahlen* $\mathbf{Z}$. Die Gleichung (2) ist also nicht lösbar in $\mathbf{N}$ beziehungsweise $\mathbf{N}_0$, wohl aber in $\mathbf{Z}$.

Für die Lösung der Gleichung (3), $2x - 1 = 0$, erhalten wir $x = \frac{1}{2}$, aber das ist keine ganze Zahl; $\frac{1}{2} \notin \mathbf{Z}$. Wiederum stellt sich die Frage, wie $\mathbf{Z}$ erweitert werden müsste, damit derartige Gleichungen darin eine Lösung haben. Nun kommen alle Verhältniszahlen oder Brüche m/n mit $n \neq 0$ in Betracht. Man nennt sie die *Menge der rationalen Zahlen* und bezeichnet sie mit **Q**. Für $n = 1$ reduziert sich **Q** auf die Menge **Z**.

Die Gleichung (4), $x^2 - 2 = 0$, schreibt sich in einem ersten Schritt $x^2 = 2$. Gibt es nun einen Bruch m/n mit natürlichen oder ganzen Zahlen m und $n \neq 0$, für den $(m/n)^2 = 2$ beziehungsweise $m^2 = 2n^2$ gilt? Nein, diesen Bruch gibt es definitiv nicht – Euklid hat es bewiesen. Das heißt aber, dass die Gleichung (4) keine Lösung in **Q**, in rationalen Zahlen, hat. Die Lösung, die man schließlich doch findet, ist *irrational*, man nennt sie *Quadratwurzel von 2* und schreibt $\sqrt{2}$. Das heißt wiederum, dass wir die Menge der Brüche **Q** um alle irrationalen Zahlen nochmals erweitern müssen. So gelangen wir zur *Menge der reellen Zahlen* **R**.

Von einer so umfangreichen Zahlenmenge könnten wir erwarten, dass in ihr alle denkbaren Gleichungen eine Lösung besitzen. Aber weit gefehlt!

Die Gleichung (5), $x^2 + 1 = 0$, können wir auch in der Form $x^2 = -1$ schreiben. Doch gibt es keine reelle Zahl, deren Quadrat negativ ist, denn «minus mal minus ergibt plus». Also hat die Gleichung (5) keine reelle Lösung – keine Lösung in **R**. Was bietet sich uns als Ausweg an? Richtig: wiederum eine Erweiterung. Man gelangt zur *Menge der komplexen Zahlen*, die mit **C** symbolisiert wird. (Mehr zur Gleichung $x^2 = -1$ später.)

Die Vervollständigungen der Zahlenmengen kann man sich mit Hilfe der Inklusionsfolge[3]

$$\mathbf{N}_0 \subset \mathbf{Z} \subset \mathbf{Q} \subset \mathbf{R} \subset \mathbf{C}$$

merken – die Menge der natürlichen Zahlen $\mathbf{N}_0$ und vier Expansionsstufen: **Z** (Menge der ganzen Zahlen), **Q** (Menge der rationalen Zah-

---

3 $A \subset B$ oder $A \subseteq B$ bedeutet, die Menge A ist in der Menge B enthalten.

len), **R** (Menge der reellen Zahlen) und **C** (Menge der komplexen Zahlen).

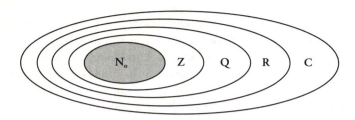

Abb. 1: Die Inklusionsfolge der Zahlenmengen N_0, Z, Q, R und C

Unser Interesse wird hauptsächlich den natürlichen, den reellen und den komplexen Zahlen gelten – also der kleinsten Menge $N_{(0)}$ in der Inklusionsfolge, **R** und **C**.

Natürliche Zahlen **N**, Teilbarkeit, Primzahlen

Ein zentraler Begriff im Bereich der natürlichen Zahlen betrifft die *Teilbarkeit* (welche natürlichen Zahlen lassen sich ohne Rest durch andere natürliche Zahlen außer 1 und sich selbst teilen?) und, in der Folge, die *Primzahl* – eine natürliche Zahl größer als 1, die keine echten Teiler hat, das heißt, keine anderen Teiler als 1 oder sich selbst. Die Folge der Primzahlen beginnt mit 2, 3, 5, 7, 11, 13, 17, 19, 23, 29, 31, 37, ... Bereits Euklid hat vor mehr als zweitausend Jahren bewiesen, dass diese Folge nicht endlich sein kann – dass es also keine größte Primzahl gibt.

Andererseits gilt der Hauptsatz der Arithmetik: Jede natürliche Zahl lässt sich (bis auf die Reihenfolge der Faktoren) eindeutig als

Produkt von Primzahlen (beziehungsweise von Primzahlpotenzen) darstellen. Solche und andere Fragen zur Verteilung der Primzahlen gehören zu den schwierigsten. Lange Zeit waren diese Fragen rein theoretischer Natur, doch heute genießen die Primzahlen Anwendung in verschiedenen Bereichen, zum Beispiel in der Kryptologie.

Die reellen Zahlen **R**

Die reellen Zahlen **R** stehen in gewisser Weise am Ende der Erweiterungen, die durch Beschreibungen von gedachten Objekten notwendig sind. Immerhin beinhalten sie auch die irrationalen Zahlen, die nicht als Verhältnis ganzer Zahlen dargestellt werden können. Zum Beispiel beträgt die Diagonale des Einheitsquadrats $\sqrt{2}$ Längeneinheiten, und die Quadratwurzel von 2 ist nicht rational, wie wir bereits gesehen haben.

Einerseits bildet die Menge der reellen Zahlen, zusammen mit den gewöhnlichen Grundrechenarten, einen *Körper* – eine algebraische Struktur, in der wir die uns vertrauten Rechnungen durchführen können (Division durch null ist verboten!) –, andererseits hat **R** die uns bekannte geometrische Deutung als Gerade beziehungsweise Zahlengerade.

Eine wichtige Mengenbildung ist nun die *Produktmenge* oder das *kartesische Produkt* zweier Mengen A und B als Menge der geordneten Paare (a, b), wobei die erste Komponente a Element von A und die zweite Komponente b Element von B ist:

$$A \times B = \{(a, b) \mid a \in A, b \in B\}.$$

Die Komponenten a und b des geordneten Paares werden auch als erste und zweite Koordinate des Elements $(a, b) \in A \times B$ bezeichnet. Setzen wir $A = B = \mathbf{R}$, dann erhalten wir als kartesisches Produkt $\mathbf{R} \times \mathbf{R}$, kurz $\mathbf{R}^2$ geschrieben: die Menge der geordneten Paare (a, b) reeller Zahlen a und b. Auch diese Menge hat eine uns vertraute geometrische Deutung, nämlich als die kartesische Ebene der «Linearen Algebra und Analytischen Geometrie». Man nennt $\mathbf{R}^2$ auch die euklidische Ebene.

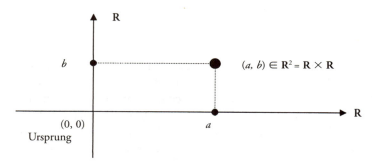

Abb. 2: Das Element (a, b) in der kartesischen Ebene $\mathbf{R}^2$

Da die Mengenproduktbildung zwischen beliebigen Mengen definiert ist, kommt man auch mühelos zu $\mathbf{R}^3$, $\mathbf{R}^4$, ... und ganz allgemein zu $\mathbf{R}^n$ – Mengen, die den drei-, vier-, ... und allgemein n-dimensionalen reellen Zahlenraum bezeichnen, dessen jeweilige geometrische Darstellung den euklidischen Raum mit der entsprechenden Dimension $(3, 4, \ldots, n)$ ausmacht. Mit dem Begriff der Dimension ist schon angedeutet, dass wir die Elemente dieser Räume als Vektoren auffassen können – gerichtete Pfeile vom Ursprung aus, wobei der Pfeil selbst auf das dargestellte Element zeigt.

Die komplexen Zahlen C

Wie war das mit der Gleichung $x^2 + 1 = 0$ und der Erweiterung der reellen zu den komplexen Zahlen? Die Auflösung der Gleichung ergibt $x^2 = -1$ und weiter $x = \sqrt{-1}$. Hoffentlich sieht das der Mathelehrer nicht, der uns immer eingebläut hat, dass es keine Quadratwurzel einer negativen reellen Zahl gibt … Doch das hat neugierige Geister noch nie daran gehindert, zu experimentieren. Im 16. Jahrhundert entdeckte Geronimo Cardano, Arzt, Mathematiker und Spieler, dass man Lösungen gewisser quadratischer Gleichungen bequemer ausrechnen konnte, wenn man sich – rein formal – mit Quadratwurzeln aus negativen Zahlen einließ. Diese Zahlen schienen nicht die gleiche Realität zu besitzen wie die reellen, waren unwirklich und wurden deshalb auch «imaginär» genannt (eine Bezeichnung, die sich bis heute erhalten hat).

Die *imaginäre Einheit* bezeichnete man mit i, und dies sollte eine Zahl mit der Eigenschaft

$$i^2 = -1$$

sein. Somit wird mit i (und nicht mit $\sqrt{-1}$) die explizite Lösung der Gleichung $x^2 = -1$ bezeichnet. Im Laufe der Zeit stellte man fest, dass sich mit i genauso rechnen ließ wie mit gewöhnlichen Zahlen. Dazu definierte man eine *komplexe Zahl z* einfach als eine reelle Zahl a plus die imaginäre Einheit i mal einer weiteren reellen Zahl b, das Ganze geschrieben $z = a + ib$; a wird *Realteil* und b *Imaginärteil* der komplexen Zahl z genannt. Formal schreibt sich die Menge der komplexen Zahlen:

$$\mathbf{C} = \{z = a + ib \mid a \in \mathbf{R}, b \in \mathbf{R}, i^2 = -1\}.$$

Zwei komplexe Zahlen zu addieren und zu multiplizieren geht wie üblich:

$(a + ib) + (c + id) = a + c + ib + id = (a + c) + i(b + d) \in \mathbf{C}$, und
$(a + ib)(c + id) = ac + aid + ibc + i^2bd = (ac - bd) + i(ad + bc) \in \mathbf{C}$.

Man muss nur immer $i^2 = -1$ verwenden, wenn es möglich ist. Des Weiteren bestätigt man leicht die Gültigkeit der folgenden Ausdrücke: $i^3 = -i$, $i^4 = 1$, $i^5 = i$, $i^6 = -1$, $i^7 = -i$, $i^8 = 1$ usw.

Gewöhnlich werden die komplexen Zahlen $z \in \mathbf{C}$ als Paare reeller Zahlen $(x, y) \in \mathbf{R} \times \mathbf{R} = \mathbf{R}^2$ eingeführt beziehungsweise definiert. Mengenmäßig ist also $\mathbf{C}$ gleich dem kartesischen Produkt $\mathbf{R} \times \mathbf{R}$. Und das hat zur Folge, dass die Mengen $\mathbf{R}^2$ und $\mathbf{C}$ mit den in ihnen erklärten Rechenregeln (Addition und Multiplikation sowie die jeweilige Umkehroperation Subtraktion beziehungsweise Division) die gleiche algebraische Struktur haben – sie sind isomorphe Körper, abgekürzt: $\mathbf{R}^2 \cong \mathbf{C}$. Die «reinen» reellen Zahlen sind genau die Zahlen $(x, 0)$, und die komplexe Zahl $(0, 1)$ ist die imaginäre Einheit i.

Die geometrische Darstellung von $\mathbf{C}$ wird als die *Gauß'sche Zahlenebene* bezeichnet und ist der euklidischen beziehungsweise kartesischen Ebene $\mathbf{R}^2$ äquivalent. Insbesondere entspricht jeder komplexen Zahl $z = (x, y) = x + iy$ der Punkt $P(x, y)$ mit den Koordinaten x und y in der kartesischen Ebene (mit ihren beiden zueinander senkrecht stehenden Achsen) und umgekehrt. Aber auch als Vektor in der Gauß'schen Zahlenebene lässt sich die komplexe Zahl $z = (x, y) = x + iy$ bequem darstellen – als gerichteter Pfeil (Vektor): vom Ursprung zum Punkt $P(x, iy)$ mit dem absoluten Betrag

$$r = |z| = \sqrt{x^2 + y^2}$$

(Satz des Pythagoras!) und dem Argument φ als Winkel des Vektors gegen die positive reelle x-Achse (siehe Abbildung 3).

In der Funktionentheorie wird die Gleichung $\cos\varphi + i\sin^{i\varphi}$ bewiesen, sodass man die sehr nützliche Normaldarstellung komplexer Zah-

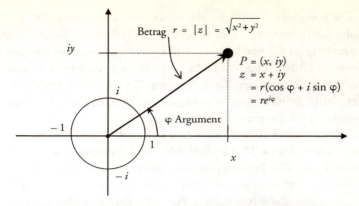

Abb. 3: Darstellung von $z = x + iy$ in der Gauß'schen Zahlenebene als Vektor mit dem (absoluten) Betrag $r = |z|$ und dem Argument φ (Winkel des Vektors gegen die positive reelle x-Achse)

len $z = re^{i\varphi}$ mit $0 \leq \varphi < 2\pi$ erhält.[4] Den Rechenregeln mit komplexen Zahlen entsprechen geometrische Operationen zwischen den entsprechenden Vektoren in der Gauß'schen Zahlenebene. Zum Beispiel erhält man das Produkt zweier komplexer Zahlen, indem man ihre Beträge multipliziert und ihre Argumente (Winkel) addiert. Eine Multiplikation mit einem Vektor der Länge 1 ist einfach eine Drehung um einen bestimmten Winkel. Übrigens bilden alle Vektoren vom Betrag 1 den Kreis mit dem Radius 1 um den Ursprung, den *Einheitskreis*. Und alle Lösungen von Gleichungen der Form $z^n - 1 = 0$ (mit $n \in \mathbf{N}$) befinden sich auf diesem Einheitskreis. So sehen Sie auf dem Einheitskreis der Abbildung 3 alle Lösungen der Gleichung $z^4 - 1 = 0$, nämlich die *vierten Einheitswurzeln* 1, i, -1 und $-i$.

---

4 In meinem Essay *Die Top Ten der schönsten mathematischen Sätze* wird, neben der Normaldarstellung komplexer Zahlen, auch die wohl faszinierendste und schönste mathematische Formel, $e^{i\pi} = -1$, hergeleitet.

Die komplexe Division ist ein besonderer Leckerbissen. Die Bildung des Kehrwerts (z wird abgebildet auf $1/z$) läuft – bis auf eine Spiegelung an der horizontalen Achse – auf eine *Inversion am Einheitskreis* hinaus. Diese Abbildung macht zum Beispiel aus einer Reihe von gleich großen Kreisen, die den Platz zwischen zwei Geraden ausfüllen, eine Reihe verschieden großer Kreise, die den Platz zwischen zwei Kreisen ausfüllen.[5]

Das ist alles schon recht hübsch, aber so richtig geht die Post erst mit *Potenzreihen* ab. Man bilde beliebig hohe Potenzen einer Zahl x, multipliziere diese Potenzen mit Koeffizienten a_k und addiere sie auf: $a_0 + a_1 x + a_2 x^2 + \ldots + a_n x^n$. Dies nennt man auch ein Polynom n-ten Grades und schreibt dafür P(x). Alle Zahlen dürfen komplex sein, da die Verknüpfungen zwischen ihnen wohl definiert sind.

Ein Polynom n-ten Grades besitzt stets n Nullstellen – wobei diese auch komplex sein dürfen. Das ist die Aussage des *Fundamentalsatzes der Algebra*, den große Mathematiker wie Leonhard Euler und Joseph Louis Lagrange im 18. Jahrhundert vergeblich zu beweisen versuchten und dessen Beweis dem 20-jährigen Carl Friedrich Gauß im Jahre 1797 gelang.

Auch «Algebraischer Hauptsatz der komplexen Zahlen» genannt, wird dieser Satz wie folgt formuliert: Jedes Polynom positiven Grades mit komplexen Koeffizienten hat eine komplexe Nullstelle. Daraus folgt, dass jedes solche Polynom P(x) genau n Nullstellen hat: x_1, x_2, ... und x_n und dass es in n Linearfaktoren $x - x_k$ zerfällt ($k = 1, 2, \ldots, n$):

$$P(x) = (x - x_1)(x - x_2) \ldots (x - x_n).$$

---

[5] Für kunstvolle Darstellungen siehe *OMEGA*, Spektrum Spezial 4/2003, «Wurden die komplexen Zahlen entdeckt oder erfunden?» (C. Pöppe). Für Definitionen und Darstellungen sei auch der *dtv-Atlas Mathematik* empfohlen (s. Literatur).

Wegen dieser Eigenschaft nennt man C auch «algebraisch abgeschlossen». Bei unendlich vielen solcher Terme gelangt man zu Grenzwerten – und diese sind für komplexe Zahlen nichts wesentlich anderes als für reelle Zahlen. Jede Funktion, die man durch eine unendliche Potenzreihe

$$a_0 + a_1 x + a_2 x^2 + \ldots + a_n x^n + \ldots = \sum_{k=0}^{\infty} a_k x^k$$

ausdrücken kann, ist auch für komplexe Werte x definiert.

Hat sich hier ein Formalismus entwickelt, der mit «unmöglichen» und «nutzlosen» Dingen hantiert, wie seitens der Philosophen immer wieder kritisiert worden war? Oder kommt den komplexen Zahlen vielmehr eine «gewisse Realität» bei der Naturbeschreibung zu? Die Antwort braucht man nicht lange zu suchen. Denn nicht nur, dass dem «natürlichen» Problem der Teilbarkeit und der Primzahlverteilung mit Hilfe der (komplexen) Funktionentheorie am ehesten beizukommen ist. Es ist ebenfalls eine Tatsache, dass die Erfindung der komplexen Zahlen heute das mathematische Rückgrat bei Anwendungen in Elektrotechnik, Aerodynamik, Flüssigkeitsmechanik und Quantentheorie bildet – eine Reihe von Anwendungen, deren zentrale Probleme sich gerade in den Millennium-Problemen wiederfinden.

Der Heilige Gral: Die Riemann'sche Vermutung

Bereits 1737 bemerkte Leonhard Euler, dass er die folgende Reihe, eine unendliche Summe (von Kehrwerten) namens Zeta-Funktion,

$$\zeta(x) = 1 + \frac{1}{2^x} + \frac{1}{3^x} + \frac{1}{4^x} + \frac{1}{5^x} + \frac{1}{6^x} + \ldots \quad (x \text{ reell und } x > 1),$$

benutzen konnte, um Resultate von Primzahlen zu beweisen (ζ ist das Symbol für das griechische z, genannt «zeta»). Euler bewies auch den Satz, der aussagt, dass die Summe der Kehrwerte der Primzahlen eine *divergente* Reihe ist:[6]

$$\frac{1}{2} + \frac{1}{3} + \frac{1}{5} + \frac{1}{7} + \frac{1}{11} + \frac{1}{13} + \frac{1}{17} + \ldots = \infty.$$

Einerseits besagt dieser Satz, dass es unendlich viele Primzahlen gibt – was man seit Euklids Beweis schon wusste –, andererseits zeigt er aber auch, dass die Primzahlen unter den natürlichen Zahlen verhältnismäßig dicht vorkommen (zum Beispiel dichter als die Quadratzahlen 1, 2, 4, 8, ..., da die Reihe der Kehrwerte dieser Quadratzahlen konvergiert). Zudem konnte Euler seine Zeta-Funktion statt als Summe als ein Produkt beschreiben, in dem alle Primzahlen vorkommen:

$$\zeta(x) = 1/(1-2^{-x})(1-3^{-x})(1-5^{-x})(1-7^{-x})(1-11^{-x})(1-13^{-x}) \ldots$$

---

[6] Die Summe dieser Reihe existiert nicht, das heißt, sie ist unendlich groß (∞). Ein berühmtes Beispiel einer divergenten Reihe ist die «harmonische Reihe», deren Glieder die Kehrwerte der natürlichen Zahlen sind. Dagegen ist die geometrische Reihe

$$1 + \frac{1}{2} + \frac{1}{4} + \frac{1}{8} + \ldots$$

konvergent; ihre Summe beträgt 2. Dies ist ein Spezialfall der bekannten geometrischen Reihe $1 + q + q^2 + q^3 + \ldots$ (mit $q < 1$), die die Summe $1/(1-q)$ hat.

«Über die Anzahl der Primzahlen unter einer gegebenen Größe» ist der Titel einer achtseitigen Arbeit von Bernhard Riemann aus dem Jahre 1859, in der er die Ideen Eulers erweiterte, um eine analytische Theorie der Primzahlen zu begründen. Unter anderem erweiterte er die Zeta-Funktion auf die komplexen Zahlen $s \in \mathbb{C}$. In dieser Arbeit formulierte Riemann eine Vermutung, die bislang den hartnäckigsten Beweis- und Widerlegungsversuchen widerstand: Von den berechneten Häufigkeiten der Primzahlen weicht deren tatsächliche Anzahl genauso oft ab, wie es beim wiederholten Werfen einer Münze zu einem Ungleichgewicht von Wappen und Zahl kommt. Mit anderen Worten: Laut der Riemann'schen Vermutung folgen die Primzahlen in ihrem Auftreten denselben Gesetzen wie Zufallsereignisse. Die Vermutung bildete das achte der 23 Hilbert'schen Probleme aus dem Jahre 1900, von denen es als einziges noch nicht gelöst ist. Es ist das älteste der sieben Millennium-Probleme.

Nach wie vor geht es um die Eigenschaften der – mittlerweile als Riemann'schen bezeichneten – Zeta-Funktion mit komplexen Zahlen s:

$$\zeta(s) = 1 + 1/2^s + 1/3^s + 1/4^s + 1/5^s + \ldots$$

Erstaunlicherweise verwenden die Mathematiker die Zeta-Funktion nicht ernsthaft als Funktion, das heißt als Rezept, um zu einer komplexen Zahl s den Funktionswert $\zeta(s)$ zu finden; der interessiert eigentlich niemanden. Vielmehr wird diese Funktion als ein Mittel angesehen, um die Eigenschaften unendlich vieler Zahlen in übersichtlicher Form zusammenzufassen und weitere Eigenschaften daraus herzuleiten. Als Produkt schreibt sich die Riemann'sche Zeta-Funktion mit komplexem s genauso wie das Euler'sche Produkt:

$$\zeta(s) = 1/(1-2^{-s})(1-3^{-s})(1-5^{-s})(1-7^{-s})(1-11^{-s})(1-13^{-s})\ldots$$

Davon ausgehend untersuchte Riemann die Verteilung der Primzahlen und fand erstaunlich präzise Abschätzungen für deren Verteilung.

Wie viele Primzahlen gibt es bis *n*?

Mit $\pi(x)$ wird für eine reelle Zahl $x \geq 2$ die Anzahl aller Primzahlen p mit $2 \leq p \leq x$ bezeichnet.[7]

Im vergangenen Jahrhundert wurden umfangreiche Theorien über die Verteilung der Primzahlen entwickelt. Die bekannteste brachte den «Primzahlsatz» hervor, der 1792 unabhängig voneinander von Carl Friedrich Gauß und Adrien-Marie Legendre vermutet und erst rund hundert Jahre später (1896), wiederum unabhängig voneinander (aber ausgehend von Riemanns Arbeit) von Jacques Hadamard und Charles de la Vallée-Poussin mit Mitteln der komplexen Analysis bewiesen worden ist. Der Satz besagt, dass die Anzahl der Primzahlen kleiner als x für große x immer besser durch den Ausdruck $x/\ln x$ approximiert wird (der Ausdruck $\ln x$ bezeichnet den natürlichen Logarithmus von x), formelmäßig:

$$\pi(x) \approx \frac{x}{\ln x} \quad \text{oder auch} \quad \lim_{x \to \infty} \frac{\pi(x)}{x/\ln x}$$

(«$\pi(x)$ und $x/\ln x$ sind *asymptotisch* gleich»: Beide Funktionen haben das gleiche Verhalten für $x \to \infty$, das heißt im Unendlichen). Und in der Tat nähert sich $x/\ln x$ mit wachsendem x immer besser dem wirklichen Wert $\pi(x)$, wie das Verhältnis der beiden Funktionen in der Tabelle 1 zeigt.

---

[7] Als Argument von $\pi(.)$ wird x und nicht n verwendet, da $\pi(x)$ mit Hilfe reeller Funktionen ausgedrückt wird, wie wir sogleich sehen werden. Es besteht zudem keine Gefahr, dass wir $\pi(x)$ mit der Kreiszahl π verwechseln.

Es gibt noch einen zweiten, strengeren Primzahlsatz, der bereits eine noch bessere Näherung an $\pi(x)$ verspricht als $x/\ln x$. Dieser lautet: $\pi(x)$ kann asymptotisch durch

$$L(x) = \sum_{k=2}^{x} \frac{1}{\ln k}$$

dargestellt werden. Das Glied $1/\ln x$ können wir als die «Primzahldichte» oder auch als die «Wahrscheinlichkeit» dafür ansehen, «dass x asymptotisch eine Primzahl» ist. Dann haben wir die asymptotische Beziehung

$\pi(x) \sim L(x) \sim x/\ln x$.

x	$\pi(x)$	$x/\ln x$	$\dfrac{\pi(x)}{x/\ln x}$
2	1	2,885	0,347
10	4	4,343	0,921
10^2	25	$2,174 \times 10$	1,150
10^3	168	$1,449 \times 10^2$	1,159
10^4	1229	$1,086 \times 10^3$	1,132
10^5	9592	$8,695 \times 10^3$	1,103
10^6	78498	$7,238 \times 10^4$	1,085
10^7	664579	$6,204 \times 10^5$	1,071
10^8	5761455	$5,429 \times 10^6$	1,061
10^9	50847534	$4,825 \times 10^7$	1,054
10^{10}	455052512	$4,343 \times 10^8$	1,048

Tab. 1: Anzahl der Primzahlen (wirklicher Wert $\pi(x)$ und Wert $x/\ln x$ nach dem Primzahlsatz) zwischen 2 und x, sowie jeweiliges Verhältnis der beiden Werte.

Gesucht werden noch bessere Näherungen – und da kommen wir wieder auf die Riemann'sche Zeta-Funktion zurück. In die Formeln für die Verteilung der Primzahlen gehen die *Nullstellen* der Zeta-Funktion ein; das sind alle (komplexen) Werte s, für die $\zeta(s) = 0$ ist. Nun gibt es zwei Typen von Nullstellen: Die «trivialen» sind die negativen geraden ganzen Zahlen ($s = -2, -4, -6, \ldots$), die «nichttrivialen» haben Realteile zwischen 0 und 1. Das steht fest.[8] Und ausgerechnet in den nichttrivialen Nullstellen stecken detaillierte Informationen über eine Funktion (das «logarithmische Integral»), welche die Anzahl der Primzahlen unterhalb von x noch weit besser annähert als die bisherigen Approximationen.

Riemann hielt es für «sehr wahrscheinlich», dass die Realteile der nichttrivialen Nullstellen der Zeta-Funktion alle gleich $\frac{1}{2}$ sind – dass sie insbesondere alle auf einer Geraden liegen. Das ist die Riemann'sche Vermutung. Ein Gegenbeispiel wurde nie gefunden. Ausgedehnte Computerberechnungen haben die ersten 1,5 Milliarden nichttrivialen Nullstellen der Zeta-Funktion zutage gefördert, und alle haben den Realteil $\frac{1}{2}$. Aber was hilft's? «Die Zahlentheorie wimmelt vor Vermutungen, die plausibel sind und von scheinbar überwältigend vielen Berechnungen belegt, aber dennoch falsch sind», weiß der Mathematiker Andrew Odlyzko, der sich wie kein anderer mit den Nullstellen der Zeta-Funktion beschäftigt hat.

Wenn die Riemann'sche Vermutung wahr sein sollte – und kaum jemand zweifelt ernsthaft daran –, dann hat sie tief greifende Konsequenzen für die Zahlentheorie und über die Mathematik hinaus, bis hin zu einer Theorie des Quantenchaos.

---

8 Selbst die so genannten trivialen Nullstellen sind keineswegs bequem zu berechnen; man braucht dazu die Instrumente der komplexen Funktionentheorie, die man in der Regel nicht vor dem dritten Hochschulsemester kennen lernt.

Weist die quantenchaotische Physik den Weg?

Seit das Clay Mathematics Institute ein Preisgeld von einer Million Dollar auf den Beweis ausgesetzt hat, scheint wieder Bewegung in die Lösungsbemühungen zu kommen. Es mehren sich die Zeichen, dass bald jemand das Geld einstreichen kann. «Ich habe das Gefühl, das Problem wird in den nächsten Jahren geknackt», urteilt Michael Berry von der Universität Bristol. Gelingen soll dies mit Hilfe der Theorie des so genannten «Quantenchaos», einer avantgardistischen Kombination von Quantenmechanik und Chaostheorie – eine tollkühne Assoziation, die dem Mathematiker Hugh Montgomery und dem Physiker Freeman Dyson bei einem Nachmittagstee kam, als sie feststellten, dass die Abstände zwischen den Nullstellen der Zeta-Funktion genauso aussähen wie die Abstände zwischen den Energieniveaus in quantenchaotischen Systemen.

Bekanntlich liegt es im Wesen der Quantenmechanik, dass ihre Objekte der Unschärferelation unterliegen und ihre Eigenschaften

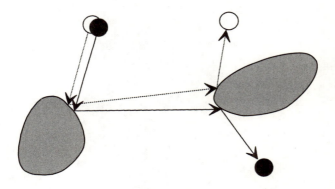

Abb. 4: Darstellung eines makrophysikalisch-chaotischen Modells: Bahninstabilität harter Kugeln, die an (ebenfalls harten) Hindernissen gestreut werden: Geringste Unterschiede in den Anfangsbedingungen führen zu völlig unterschiedlichen Kugelbahnen.

nur in Wahrscheinlichkeiten beschrieben werden können. Je nach Randbedingungen können sich klar bestimmbare Wahrscheinlichkeiten ergeben, oder es kann auch zu einem chaotischen Prozess kommen – bei dem die Aufenthaltswahrscheinlichkeit eines Elektrons oft genauso wenig bestimmbar ist wie der Lauf einer Kugel, die einem makrophysikalisch-chaotischen Effekt unterliegt, wie in der Abbildung 4 gezeigt.

Fände sich nun eine quantenchaotische Anordnung, deren Energieniveaus exakt mit den Nullstellen der Zeta-Funktion übereinstimmten, wäre die Riemann'sche Vermutung bestätigt. Der französische Mathematiker Alain Connes tüftelte kürzlich ein System aus, das passen könnte. Offen blieb nur die Frage, ob es nicht ein paar zusätzliche Nullstellen geben könnte, denen keine Energieniveaus zuzuordnen sind. Doch vielleicht wird dieses Problem ja demnächst gelöst. Es wäre nicht das erste Mal, dass mathematische Ideen einen entscheidenden Anstoß von der modernen Physik bekommen.

Ganzzahligkeit: Die Vermutung von Birch und Swinnerton-Dyer

Die Vermutung von Birch und Swinnerton-Dyer hat ganzzahlige Lösungen von Gleichungen zum Thema, in denen neben den Unbekannten nur ganze Zahlen, die vier Grundrechenarten und Potenzen auftreten. Schon auf David Hilberts Liste stand die Suche nach einem Entscheidungsverfahren, ob Gleichungen, wie sie in diesem Abschnitt vorkommen, ganzzahlige Lösungen besitzen oder nicht. Doch 1970 bewies der sowjetische Mathematiker Jurij Matijasevic, dass es dafür keine allgemein gültige Methode geben kann. In speziellen Fällen sind jedoch durchaus Aussagen zu treffen. So führten die britischen Mathematiker Brian Birch und Peter Swinnerton-Dyer in den 1960er Jahren umfangreiche computergestützte Untersuchungen durch.

Ein Ausgangspunkt, viele Verallgemeinerungen

Das Problem, alle *ganzzahligen* Lösungen a, b, c von algebraischen Gleichungen[9] wie

$$a^2 + b^2 = c^2 \tag{1}$$

zu finden und zu beschreiben, hat Mathematiker immer schon fasziniert. Es handelt sich um die ganzzahligen pythagoreischen Tripel. Eine Verallgemeinerung dieser Gleichung hinsichtlich Kuben, vierten Potenzen und so fort führte später zur Fermat'schen Gleichung

---

[9] Eine Gleichung, deren Lösungen in ganzen Zahlen gesucht werden, nennen wir auch *diophantische* Gleichung. Diophant aus Alexandria war der erste Zahlentheoretiker der Mathematikgeschichte. Er lebte um 250 n. Chr.

$a^n + b^n = c^n$ (a, b, c und n ganz, $n \geq 3$)

und zum Beweis des letzten Fermat'schen Satzes[10] durch Andrew Wiles. Es gibt aber auch Verallgemeinerungen in andere Richtungen. Doch zuerst ein paar Vorbereitungen.

Von der Ganzzahligkeit zur Rationalität

In der pythagoreischen Gleichung (1) kann jeder Term durch c^2 ($\neq 0$) dividiert werden:

$(a/c)^2 + (b/c)^2 = 1.$

Setzen wir $x = a/c$ und $y = b/c$, dann erhalten wir

$$x^2 + y^2 = 1. \tag{2}$$

Im Gegensatz zu den ganzen Zahlen a, b und c sind x und y nun Brüche oder rationale Zahlen. Liegt umgekehrt eine Lösung (x, y) in rationalen Zahlen vor, so kann jede Zahl mit einem gemeinsamen Nenner c geschrieben werden. Nach Wegschaffen der Nenner liegt dann eine Lösung von $a^2 + b^2 = c^2$ in ganzen Zahlen vor. Das Problem, alle Lösungen von Gleichung (1) in *ganzen* Zahlen zu finden, ist somit dem Problem äquivalent, alle Lösungen von Gleichung (2) in *rationalen* Zahlen zu finden.

Gleichung (2) beschreibt den so genannten Einheitskreis in der kartesischen Ebene, das ist der Kreis vom Radius 1 mit dem Mittelpunkt im Ursprung der Koordinatenachsen x und y (siehe Abbil-

---

10 Siehe das Kapitel «Berühmte bewiesene Vermutungen aus jüngerer Zeit».

dung 5). Der Punkt P mit der Abszisse x und der Ordinate y bestimmt ein rechtwinkliges Dreieck mit der Hypotenuse 1 und den Katheten x und y. Nun lässt sich das Problem so formulieren, dass wir sagen, es sind alle rationalen Punkte auf dem Kreis zu ermitteln, das heißt alle Punkte, deren Koordinaten x und y rationale Zahlen sind. Es gilt nun der folgende Satz: Abgesehen von der Lösung ($x = -1$, $y = 0$) erhält man alle übrigen rationalen Lösungen, indem man in die Formeln

$$x = \frac{1-t^2}{1+t^2} \text{ und } y = \frac{2t}{1+t^2} \tag{3}$$

für t einen rationalen Wert einsetzt. Wir erhalten x und y aus der rationalen Zahl t durch die vier Grundrechenarten; daher erhalten wir rationale Zahlen. Dass die Formeln (3) tatsächlich Lösungen der Gleichung (2) liefern, lässt sich durch einfaches Einsetzen verifizieren.

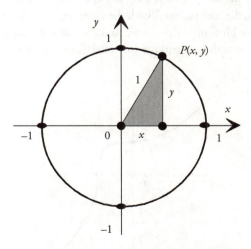

Abb. 5: Einheitskreis – die Menge aller Punkte $P(x, y)$ der Gleichung (2); x, y sind reell.

Beim Exponenten 2 ist das Problem, die rationalen Lösungen von $x^2 + y^2 = 1$ zu finden, dank der überschaubaren Eigenschaften des Kreises noch relativ leicht. Ungleich schwieriger ist jedoch die entsprechende Aufgabe, Punkte mit rationalen Koordinaten auf der Kurve mit der Gleichung

$x^n + y^n = 1$

zu finden ($n > 2$). (In Abbildung 6 ist die Fermat-Kurve mit der Gleichung $x^3 + y^3 = 1$ skizziert.) Die Kurve, die man dann erhält, hat nicht mehr die bequemen Eigenschaften eines Kreises, und sie zu analysieren scheint nicht einfacher zu sein als die Analyse der Ausgangsgleichung. Die ausgesprochene Sperrigkeit dieser Analysen ist auch die Ursache dafür, dass viele dieser Probleme jahrhundertelang auf eine befriedigende Antwort warten mussten.

Die Mathematiker begaben sich auf die Suche nach zusätzlichen Strukturen, die nicht schon durch die Geometrie der Kurve offenbar werden. Die Hoffnung dabei war, dass die größere Komplexität, die durch die zusätzliche Struktur ins Spiel gebracht wurde, nützliche

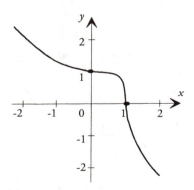

Abb. 6: Fermat-Kurve mit $n = 3$; Gleichung: $x^3 + y^3 = 1$.

Muster enthüllen und schließlich zu Ergebnissen führen würde. In einer anderen Herangehensweise wurde das Problem verallgemeinert, indem man jedes beliebige Polynom in zwei Variablen zuließ. Es stellte sich jedoch heraus, dass diese Verallgemeinerung nicht weit genug ging. Tatsächlich wird noch viel mehr Struktur benötigt – Kurven allein scheinen nicht genügend viele nützliche Muster zu enthalten.

So paradox es auch klingt: Falls die zugrunde gelegten einfachen Fragestellungen nicht bereits triviale Lösungen zulassen, muss man sie erst mächtig verkomplizieren, bevor man überhaupt eine Chance auf befriedigende Antworten bekommt!

Komplexe Variablen, räumliche Flächen und das Geschlecht einer Gleichung

So kam man auf eine weitere Verallgemeinerung, in der die Variablen x und y in der Gleichung nicht mehr als reellwertig, sondern als komplexwertig angesehen werden. Obwohl die Gleichung dann statt einer *ebenen Kurve* eine *räumliche Fläche* beschreibt, stehen einem alle Vorteile der komplexen Zahlen und Funktionen zur Verfügung.[11] Zudem kann man sich auf die gesamte Topologie geschlossener orientierbarer Flächen stützen, für die bereits ein Klassifikationssatz bewiesen wurde. Demnach ist jede geschlossene orientierbare Fläche topologisch äqui-

---

11 Siehe z. B. mein Taschenbuch *Die Top Ten der schönsten mathematischen Sätze* (speziell das Kapitel «Der Fundamentalsatz der Algebra»). Gemäß diesem Fundamentalsatz, auch «Algebraischer Hauptsatz der komplexen Zahlen» genannt, ist **C** ein algebraisch abgeschlossener Körper. Zudem kann man die fruchtbaren analytischen Methoden der komplexen Funktionentheorie heranziehen (das ist ja auch der Grund, weshalb die Primzahlverteilung mit funktionentheoretischen Mitteln untersucht wird; siehe auch den Abschnitt über die Riemann'sche Vermutung).

valent zu einer Kugelfläche mit einer gewissen Anzahl von aufgesetzten Henkeln. Die Anzahl dieser Henkel nennt man das «Geschlecht» der Fläche.[12] Das Geschlecht der Gleichung $x^n + y^n = 1$ ergibt sich zu $(n-1)(n-2)/2$ (eine ganze Zahl, da einer der Faktoren durch 2 teilbar ist).

Wie sich gezeigt hat, hängt das Problem, rationale Lösungen der Gleichung zu bestimmen, eng mit dem Geschlecht der Gleichung zusammen. Je größer das Geschlecht ist, desto komplizierter ist die Geometrie der Fläche und umso schwieriger wird es, rationale Punkte zu finden. Am einfachsten ist das Geschlecht 0 zu behandeln, wie etwa die pythagoreischen Gleichungen

$$x^2 + y^2 = k.$$

Hier gibt es nur zwei Möglichkeiten: Entweder die Gleichung hat überhaupt keine rationale Lösung, wie etwa für $k = -1$, oder sie hat welche. Dann kann man eine eindeutige Zuordnung zwischen allen rationalen Zahlen t und allen rationalen Punkten auf der zugehörigen Kurve finden, wie im Falle des Einheitskreises. Hier gibt es also unendlich viele rationale Lösungen, und diese können alle mit der t-Korrespondenz berechnet werden.

Elliptische Kurven und die Struktur ihrer Punkte

Schon beim Geschlecht 1 liegen die Dinge viel komplizierter. Kurven, die durch eine Gleichung vom Geschlecht 1 bestimmt sind,

---

[12] Wenn die Fläche in der beschriebenen Art von einer Gleichung stammt, ist es ganz natürlich und nahe liegend, diese Zahl als das «Geschlecht der Gleichung» zu bezeichnen. Siehe z. B. mein Taschenbuch *Abenteuer Mathematik* (speziell das Kapitel «Basar des Bizarren»).

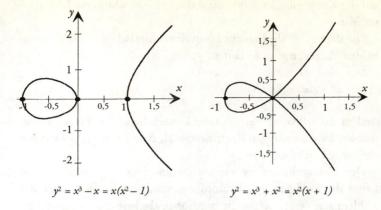

$y^2 = x^3 - x = x(x^2 - 1)$ $y^2 = x^3 + x^2 = x^2(x + 1)$

Abb. 7: Zwei elliptische Kurven. Obwohl der Graph der Funktion links in zwei Kurventeile zerfällt, wird das Gebilde als eine einzige Kurve betrachtet. Der Graph der Funktion rechts schneidet sich im Ursprung selber.

nennt man «elliptische Kurven», denn sie kommen bei der Berechnung von Ellipsenbögen vor.[13] Abbildung 7 zeigt zwei Beispiele.

Hier kann es durchaus wie bei Kurven vom Geschlecht 0 sein, nämlich dass eine elliptische Kurve möglicherweise überhaupt keine rationalen Punkte hat. Wenn es aber doch einen rationalen Punkt gibt, dann gibt es immer eine *endliche* Anzahl rationaler Punkte auf der Kurve, aus denen sich alle anderen durch einen einfachen expliziten Rechenprozess gewinnen lassen – und das, obwohl die Anzahl der rationalen Punkte endlich oder unendlich sein kann. Das hat der englische Mathematiker Lewis Mordell zu Anfang des letzten Jahrhunderts entdeckt. Selbst wenn es also unendlich viele rationale Punkte

---

[13] Elliptische Kurven haben eine Reihe schöner Eigenschaften, die sie für die Zahlentheorie sehr nützlich machen. Darauf basieren zum Beispiel schnelle Methoden zur Faktorisierung großer Zahlen.

auf der Kurve gibt, so haben diese doch eine Struktur, ein bestimmtes Muster.

Die allgemeine algebraische Form einer elliptischen Kurve E in den beiden Variablen x und y lautet

$$y^2 = x^3 + Ax^2 + Bx + C$$

und ist darstellbar als Kurve in der kartesischen (x, y)-Ebene. Dabei müssen die ganzzahligen Koeffizienten A, B und C noch gewisse Bedingungen erfüllen.

Den Zahlentheoretiker interessiert an einer elliptischen Kurve kaum die wohlgeformte Krümmung, sondern nur die Menge der Zahlenpaare (x, y), welche die zugehörige algebraische Gleichung erfüllen. Und diese Lösungen besitzen ein Muster – haben eine Struktur. Über eine bestimmte Formel lässt sich nämlich zu je zwei solcher Zahlenpaare (Punkte) ein drittes bestimmen, das man deren *Summe* nennt, denn die so definierte Verknüpfung erfüllt alle klassischen Rechenregeln für die Addition. Die Menge *aller* Punkte einer elliptischen Kurve ist somit eine «Gruppe» im Sinne der elementaren Algebra.[14]

Die Summe zweier *rationaler* Punkte auf einer elliptischen Kurve ist wieder ein rationaler Punkt (die Summe zweier Brüche ergibt wieder einen Bruch). Daher bilden die rationalen Punkte eine Untergruppe der (umfangreicheren) Gruppe *aller* Punkte der elliptischen Kurve. Auf beide Gruppen können nun die umfangreichen Analysewerkzeuge der Gruppentheorie angewandt werden, die vor allem zum Auflösen der Gruppen in ihre kleineren Bestandteile dient. Die erwähnte Untergruppe der rationalen Punkte ist zerlegbar in eine endliche Gruppe T sowie r Exemplare der wohl bekannten Gruppe

---

14 Für eine elementare Einführung in den Gruppenbegriff siehe zum Beispiel mein Taschenbuch *Abenteuer Mathematik*.

Z der ganzen Zahlen.[15] Die ganze Zahl r wird der «Rang» der Kurve genannt. So weit zur Struktur der Punkte einer elliptischen Kurve – doch diese Struktur allein liefert noch keine erschöpfende Einsicht zur Bestimmung der rationalen Lösungen.

Die umfangreichen computergestützten Untersuchungen, die Birch und Swinnerton-Dyer in den 1960er Jahren durchführten, betrafen nicht die elliptischen Kurven selbst, sondern so genannte L-Funktionen (der komplexen Variablen s), die ihnen zugeordnet sind:

elliptische Kurve E → zugehörige L-Funktion $L_E(s)$, $s \in \mathbf{C}$.

Diese L-Funktionen sind nahe Verwandte der Riemann'schen Zeta-Funktion $\zeta(s)$, $s \in \mathbf{C}$.

Die Vermutung von Birch und Swinnerton-Dyer

Die Vermutung von Birch und Swinnerton-Dyer lässt sich nun mit Hilfe dieser L-Funktionen formulieren. Die beiden Mathematiker stellten nämlich fest, dass in jedem der von ihnen untersuchten Beispiele die zu einer elliptischen Kurve E gehörende L-Funktion L_E Auskunft darüber gab, ob E unendlich viele rationale Punkte $(x, y) \in \mathbf{Q}^2$ hat. Und das war genau dann der Fall, wenn $L_E(1) = 0$ war. Sie vermuteten, dass dies allgemein gilt. Wenn also die Funktion L_E im Punkt 1 eine Nullstelle hat, dann soll die elliptische Kurve E unendlich viele rationale Punkte haben, und wenn $L_E(1) \neq 0$ ist, soll E nur eine endliche Anzahl solcher Punkte haben.

Da wir den Begriff des Rangs r einer elliptischen Kurve E bereits

---

15 Dies ist für sich selbst ein tiefgründiger mathematischer Satz, der 1901 von Henri Poincaré vermutet und 1922 von Lewis Mordell bewiesen wurde.

eingeführt haben, können wir die Vermutung von Birch und Swinnerton-Dyer damit präzisieren: Die elliptische Kurve E hat genau dann den Rang r, wenn $L_E(s)$ an der Stelle $s = 1$ eine r-fache Nullstelle hat.[16]

Mit den Methoden, die durch die Vermutung von Birch und Swinnerton-Dyer entwickelt wurden, kann man zumindest die Hoffnung hegen, auf rationale Lösungen zu stoßen. Als Beispiel für die umwälzenden Ergebnisse in den letzten Jahrzehnten sei die Vermutung von Leonhard Euler aus dem Jahr 1769 genannt, dass

$$x^4 + y^4 + z^4 = t^4$$

keine nichttrivialen Lösungen hat. Der Mathematiker N. Elkies fand 1988 mit Hilfe der bis dahin entwickelten Methoden die spezielle Lösung

$$2682440^4 + 15365639^4 + 18796760^4 = 20615673^4.$$

Seine Argumente deuten darauf hin, dass es unendlich viele Lösungen für die Euler'sche Gleichung gibt. So bleibt zu hoffen, dass auch ein Beweis der Vermutung von Birch und Swinnerton-Dyer tiefere Einsichten in das allgemeine Problem gewähren wird.

---

16 Das heißt, wenn der Grenzwert von $L_E(s)/(s-1)^r$ ungleich 0 ist, wenn s gegen 1 strebt. Für die in den letzten 25 Jahren erzielten Fortschritte auf diesem Gebiet siehe den Übersichtsartikel von Barry Cipra in der Zeitschrift *OMEGA* Spektrum Spezial 4/2003.

Die Millennium-Probleme der Topologie

Topologie, Geometrien und ihre Algebraisierung

Die Topologie ist eine höchst ungewöhnliche, exotisch erscheinende Art der Geometrie. Das Ungewohnte besteht darin, die vertrauten und offensichtlichen Erscheinungen wie Form und Größe von geometrischen Gebilden *nicht* zu beachten und stattdessen eine Reihe oft gar nicht sichtbarer, sondern beinahe versteckter Eigenschaften zu berücksichtigen. Das erfordert ungewohnte Gedankenexperimente und mag gelegentlich sehr kompliziert erscheinen, ist es aber im Grunde nicht – nur ungewohnt ist es, wie gesagt. Da man aber ungewohnte Gedankengänge nicht beliebig durch gewohnte ersetzen kann – sonst würde ihnen ja nichts Ungewöhnliches anhaften –, gibt es leider keinen Königsweg zum Verständnis mathematischer Fiktionen. Auch für Berufsmathematiker waren die von der Topologie geforderten Überlegungen lange Zeit ungewohnt und daher schwierig. Schließlich ist dieser Wissenschaftszweig mit knapp 100 Jahren noch blutjung im Vergleich zur Geometrie Euklids.

Die Topologie (griechisch *topos*: Ort oder Stelle, und *logos*: Kunde) hat sich zu einem eigenen, wichtigen mathematischen Gebiet entwickelt. Die zentrale Frage, um die es geht: Welche Eigenschaften eines geometrischen (oder geometrisch deutbaren) Objekts bleiben beständig (*invariant*), wenn es «plastisch verformt» wird?[1] Als Veränderung

---

[1] Menschen haben entdeckt, dass auf unterschiedlichen Gebieten inmitten zahlreicher Arten der Veränderung eine Beständigkeit existiert: Die religiös-philoso-

ist (vorerst) nur Verbiegen, Dehnen, Zusammendrücken und Verdrehen erlaubt – die spezifischen Elemente einer plastischen Verformung, auch *topologische Transformation* oder *stetige Abbildung* genannt. Es wird vorausgesetzt, dass das deformierte Objekt vollkommen elastisch ist und beliebig viele solcher Manipulationen unbeschadet übersteht – rein gedanklich.

Topologie ist also die Geometrie von Gebilden, die sich mit Eigenschaften befasst, die durch plastische Verformung (dieser Gebilde) nicht zerstört werden – *die unter topologischen Transformationen (stetige Abbildungen) invariant bleiben*. Eine derartige Eigenschaft stellt eine topologische Invariante dar – es ist eine tief liegende geometrische Eigenschaft des Gebildes. Tatsächlich ist das Konzept der Beständigkeit in der Veränderung (das Konzept der *Invarianz* unter gewissen *Transformationen*) in verschiedenen Bereichen der Mathematik genauso fundamental. Es steht im Mittelpunkt der Gruppentheorien, die die Symmetrien untersuchen. Felix Kleins berühmtes «Erlanger Programm» aus dem Jahre 1872 zielte darauf ab, die verschiedenen bekannten Arten der Geometrie mit Hilfe dieses Begriffs der Invarianz zu ordnen und zu vereinheitlichen.

Dem Ausdruck *plastische Verformung* verdankt die Topologie ihren Spitznamen «Gummigeometrie». Beispielsweise behalten beliebige Punkte auf der Oberfläche eines Reifens ihre relative Position zueinander – ganz gleich wie stark der Reifen gedehnt, verbogen oder verdreht wird; die *Nachbarschaftsbeziehungen* der Punkte bleiben bestehen. Statt Gummigeometrie könnten wir auch Nachbarschafts- oder Umgebungsgeometrie sagen.

Plastische Verformungen schließen also (vorerst) jene Operationen aus, bei denen das Objekt – immer gedanklich – aufgeschnitten oder zerrissen wird. Dagegen ist das Aufschneiden eines Gebildes durchaus gestattet, um eine bestimmte Transformation durchzuführen, *die*

---

phische Lehre des Buddhismus weist diese Eigenheit auf, der Kubismus in der Malerei ebenfalls und auch die Topologie in der Mathematik.

anders nicht möglich wäre. Voraussetzung ist, dass die aufgeschnittenen Kanten anschließend wieder so zusammengefügt und «geklebt» werden, dass die Punkte, die vor dem Aufschneiden nah beieinander waren, auch hinterher benachbart sind. Topologen bewerkstelligen diese Operationen (plastisches Verformen, Aufschneiden und Kleben) formal-rechnerisch. Eine elementare Vorstufe ähnlicher, aber ungleich zahmerer Kalkültechniken erlebt bereits der Gymnasiast mit der Einführung in das Gebiet der konvergenten Folgen und in die Differenzialrechnung für Funktionen einer reellen Veränderlichen. Jeder wesentliche Rechenschritt wird durch «Grenzübergänge» vollzogen – also durch beliebige Annäherungen an eine zu untersuchende Stelle.

Wenn die Topologie eine Art Gummigeometrie ist, was unterscheidet sie dann von der vertrauteren, starren euklidischen Geometrie? Geometrie bedeutete ursprünglich Vermessung der Erde. Dies waren die Wurzeln der späteren Geometrie Euklids, von den alten Ägyptern vor mehr als zweieinhalbtausend Jahren entwickelt, um Land zu vermessen und Häuser zu bauen. Entfernungs- und Winkelmessungen

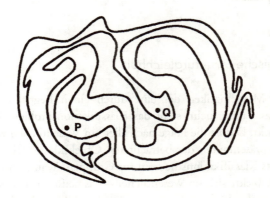

Abb. 8: Eine einfach geschlossene Kurve, die nach dem Jordan'schen Kurvensatz die Ebene in innen und außen teilt. Liegt P innen oder außen? Und Q?

stehen hier im Vordergrund, die «Metrik» (oder Abstandsfunktion) regiert. Doch bei der Topologie ist das anders: Spezielle äußere Form, Ausdehnung und Abstände sind unwesentlich. Die Topologie untersucht die invarianten Aspekte der geometrischen Existenz. Für sie ist zum Beispiel ein Kreis lediglich ein Repräsentant einer *einfach geschlossenen Kurve* mit einem eindeutigen Inneren und Äußeren (diese Eigenschaft wird durch den «Jordan'schen Kurvensatz», benannt nach Camille Jordan, bewiesen). Ein anderer Repräsentant dieser Spezies ist beispielsweise die in Abbildung 8 dargestellte *einfach geschlossene Kurve*, die die Ebene ebenfalls in innen und außen teilt.

Topologisch gesehen spielt es keine Rolle, ob wir eine derartige Kurve betrachten oder eine Ellipse oder einen einfachen Kreis. Dies bedeutet aber, dass wir komplexe Gebilde mit Hilfe strukturtreuer topologischer Transformationen auf einfache, überschaubare Figuren bringen, also Komplexes auf Einfaches reduzieren können – ohne Verlust der wesentlichen Details. Die Abstraktion als Vereinfachungsprozess.

Topologische Strukturgleichheit

Für den Mathematiker, der eine durch einen Begriff definierte Objektklasse untersucht, steht das Klassifikationsproblem stets im Mittelpunkt. Das ist die Frage nach allen im Wesentlichen verschiedenen Repräsentanten der betrachteten Objektklasse. Ich erinnere nur an das Klassifikationstheorem für Gruppen. Wann immer zwei spezielle Objekte sich im Wesentlichen – das heißt hinsichtlich ihrer Struktur – als gleich herausstellen, geschieht dieser Nachweis mit Hilfe einer speziellen, strukturtreuen Transformation oder Abbildung, die die Strukturgleichheit offenbart. Diese spezielle Abbildung, die eine eindeutige, punktweise Zuordnung vom ersten auf das zweite Objekt bewirkt, muss nicht nur die Struktur bewahren, sondern sie muss auch eine Umkehrung besitzen, die das zweite auf das erste Objekt abbildet, wobei diese Umkehrabbildung ebenfalls strukturtreu zu sein hat. Bei den Gruppen nennt man eine solche strukturtreue Abbildung einen (Gruppen-)Isomorphismus.

Wie sieht es nun bei topologischen Gebilden aus? Die strukturerhaltenden Zuordnungen sind die stetigen Abbildungen (die plastischen Verformungen). Welche zusätzlichen Bedingungen müssen an diese gestellt werden, damit die *Strukturgleichheit* zweier Gebilde gewährleistet ist? Die Bedingungen folgen dem allgemeinen Schema, das im vorangegangenen Absatz beschrieben ist: Gibt es zwischen zwei Gebilden eine umkehrbare stetige Abbildung, deren Umkehrung ebenfalls stetig ist, dann werden die Gebilde als «topologisch äquivalent» (oder *homöomorph*) bezeichnet. Sie besitzen die gleiche topologische Struktur, und jedes (topologisch relevante) Ergebnis, das auf ein Gebilde zutrifft, gilt auch für das dazu topologisch äquivalente. (Homöomorphie bedeutet also *topologische* Strukturgleichheit, so wie Isomorphie die *algebraische* Strukturgleichheit bezeichnet.)

Unter solchen Gebilden dürfen wir uns auch Knoten vorstellen. Tatsächlich hat sich im Laufe der Zeit eine regelrechte Knotentheorie entwickelt.[2] Verknotungen sind die unmittelbarsten topologischen Wesenszüge von Kurven im Raum. Da aber Mathematiker mit dem dreidimensionalen Raum allein nicht zufrieden sind, haben sie auch die höherdimensionalen verknoteten Analoga untersucht. Ich gehe auf die Knotentheorie, so faszinierend sie sein mag, hier nicht weiter ein.

Nach den Kurven kommen die Flächen. Und nach den Flächen – wie könnte es anders sein – die höherdimensionalen Verallgemeine-

---

2 Eine kurze, lesenswerte Übersicht gibt Sossinskys Büchlein *Mathematik der Knoten: Wie eine Theorie entsteht.*

rungen, genannt «Mannigfaltigkeiten». Diese und eine wilde Vielfalt von Objekten und Räumen werden von den Topologen untersucht. Dabei kommen gelegentlich skurril anmutende Resultate ans Tageslicht, beispielsweise der berühmte «Satz vom Igel»: Ist eine Billardkugel ringsherum mit Haar bewachsen, so kann man sie nicht kämmen, ohne dass dabei ein Wirbel entsteht.

Da der Stetigkeitsbegriff ein topologischer ist und Stetigkeitsbetrachtungen fast überall eine wichtige Rolle spielen, ist die Topologie einer der Eckpfeiler der Mathematik geworden. In den Naturwissenschaften spielt sie eine immer wichtigere Rolle, insbesondere in der mathematischen Physik. Im halben Jahrhundert ihrer Hauptentwicklungsperiode, zwischen 1920 und 1970, ist das Gebiet jedoch sehr abstrakt geworden. Dabei hat die Vorgeschichte der Topologie ähnlich punktuell und harmlos begonnen wie die der Chaostheorie – überhaupt wirken beide an mehreren Berührungsstellen und Überlappungsbereichen synergetisch zusammen und befruchten sich gegenseitig.[3]

Wegweisende Anfänge

Geschichtlich markieren oft isolierte Beispiele den Anfang einer Wissenschaft. Erst später wird das Gemeinsame der Einzelaspekte entdeckt und unter einem einheitlichen Dach geordnet. Nicht nur die Theorien über Zufall und Wahrscheinlichkeit sowie über Chaos und Komplexität folgten diesem Muster, sondern auch die Gruppentheorie und die Topologie. Der Beginn der Topologie (und speziell

---

3 So zum Beispiel bei Benoît Mandelbrots Dimensionstheorie fraktaler Gebilde, bei Ilya Prigogines Arbeiten über die Irreversibilität chemischer Prozesse, bei René Thoms Katastrophentheorie oder bei Hermann Hakens Synergetik. Darüber hinaus sind wichtige Teile des Gebiets der Differenzialgleichungen dynamischer Systeme in diesem Überlappungsbereich angesiedelt.

der Graphentheorie) wird gewöhnlich auf das Jahr 1735 zurückgeführt, das Jahr, in dem Leonhard Euler[4] das Königsberger Brückenproblem löste.[5]

Das Königsberger Brückenproblem

Die Pregel gabelt sich beim Zusammenfluss der Alten und der Neuen Pregel und lässt eine echte Insel entstehen. Sieben Brücken verbinden alle Ufer (siehe Abbildung 9). Frage: Können die Bürger von Königsberg alle sieben Brücken jeweils nur einmal in einem Zuge überqueren?

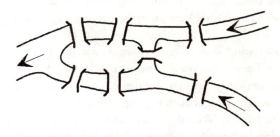

Abb. 9: Die sieben Brücken über die Alte und die Neue Pregel:
Das Königsberger Brückenproblem ist eines der Urprobleme der modernen Graphentheorie.

Euler hat die Frage verneint – und zugleich das verallgemeinerte Problem desselben Typs gelöst (beziehungsweise entschieden). Dabei kommt es nicht auf die genaue Lage oder Größe der Brücken an, sondern darauf, wie sie – über welche Gebiete – verbunden sind.

---

4 Überhaupt wird der Schweizer Leonhard Euler von vielen als der produktivste Mathematiker aller Zeiten angesehen. Siehe zum Beispiel *OMEGA* (Spektrum-Spezial 4/2003), wo als Schwerpunktthema die Graphentheorie und ihre Anwendungen präsentiert wird.
5 Wenn Mathematiker sagen, sie hätten ein Problem «gelöst», meinen sie das nicht immer im positiven Sinne. Wenn zum Beispiel die *Widerlegung* einer Vermutung gelingt, gilt diese somit auch als gelöst, das heißt als entschieden.

Die Euler'sche Polyeder-Formel

Vereinzelt gibt es auch frühere Entdeckungen. So war rund 100 Jahre vor Eulers Lösung des Königsberger Brückenproblems René Descartes bereits klar, dass für ein Polyeder mit E Eckpunkten, K Kanten und F Flächen die invariante Beziehung $E - K + F = 2$ gilt. 1751 hat Euler auch dafür einen Beweis veröffentlicht.

Das Möbius'sche Band

Der große Carl Friedrich Gauß hat zwar mehrmals darauf hingewiesen, wie wichtig die Untersuchung der grundlegenden geometrischen Eigenschaften von Figuren sei, doch abgesehen von einigen Anmerkungen über Knoten (und Verkettungen) hat er wenig dazu beigetragen.

Ein Schüler von Gauß, August Möbius, war der Erste, der eine topologische Transformation als eine derartig umkehrbar eindeutige Zuordnung zwischen Figuren definierte, in der nahe gelegenen Punkten in der einen Figur auch eng benachbarte in der anderen entsprechen. Im Jahre 1858 entdeckten er und Johann Listing die Existenz einseitiger (oder *nichtorientierbarer*) Flächen, deren berühmteste das Möbius'sche Band ist. Man nehme einen längeren, rechteckigen Papierstreifen, verdrehe ihn um 180 Grad und verklebe die Enden. Versucht man, das, was wie seine beiden Seiten aussieht, mit verschiedenen Farben anzumalen, so hat die Verdrehung zur Folge, dass die Farben irgendwo aufeinander stoßen: Das Möbius'sche Band hat in Wirklichkeit nur eine Seite. Weitere Überraschung: Schneidet man das gesamte Band längs der Mitte auf, so zerfällt es keineswegs in zwei Stücke, sondern bleibt in einem Stück erhalten. *Zwei* (verkettete und in sich verdrehte) Bänder erhält man erst nach nochmaligem Durchschneiden.

Gebilde, Löcher, Henkel: Geschlechtsbestimmung mit Schlingen

Eine volle Kugel ist topologisch äquivalent mit einem vollen Würfel und mit jedem anderen vollen Polyeder, und das gilt auch für ihre jeweiligen Oberflächen. Betrachten wir von nun an nur die geschlossenen Oberflächen dieser Gebilde.

Unter einem Torus kann man sich einen Fahrradschlauch oder einen Rettungsring vorstellen. Ist er zu einer Kugel äquivalent? Nein: Es gibt zwischen Torus und Kugel keinen Homöomorphismus (das heißt keine Verformung, die eine Strukturgleichheit bewerkstelligen würde). Das kann wie folgt grob gezeigt werden: Ein beliebiger Kreis (oder eine beliebige geschlossene Linie) auf einer Kugel kann stets auf einen Punkt zusammengezogen werden, ohne dass sie die Kugel verlässt. Anders auf dem Torus. Dort gibt es durchaus geschlossene Linien, die sich innerhalb der Oberfläche nicht zu einem Punkt zusammenziehen lassen, wie man sich leicht vergegenwärtigen kann. Dazu braucht man sich nur den Kreis vorstellen, der sich auf dem Torus abzeichnet, wenn er wie ein Rad über einen frisch gestrichenen Boden

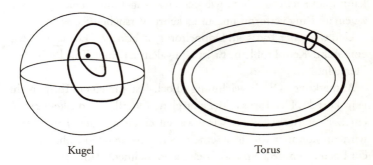

Kugel　　　　　　　　　Torus

Abb. 10: Auf der Kugeloberfläche kann jede geschlossene Kurve zu einem Punkt zusammengezogen werden; auf einer Torusoberfläche dagegen nicht. Da diese Eigenschaft topologisch relevant ist, können beide nicht äquivalent sein.

rollt, oder den Kreis, den ein Bandmaß beschreibt, mit dem die Dicke des Torus gemessen wird (siehe Abbildung 10). Der Umstand, dass eine beliebige geschlossene Kurve auf einer Fläche zu einem Punkt zusammengezogen werden kann, ohne diese Fläche zu verlassen, ist eine topologische Eigenschaft. Und eine solche müsste erhalten bleiben, wenn Kugel und Torus äquivalent wären.

Für Mathematiker ist es immer wichtig, zu wissen, wann zwei Objekte strukturgleich sind und wann nicht, sowie alle möglichen Objekte einer Kategorie zu klassifizieren. Daher ist für jede Klasse ein Standardobjekt als Repräsentant ausgezeichnet.

Für die zweidimensionalen topologischen Flächen im gewöhnlichen dreidimensionalen Raum geht man von der Standardfläche Kugel aus. Nun ist aber ein Torus mit einer Kugel nicht äquivalent, wie wir gerade gesehen haben. Daher die Frage: Was muss an der Kugel geändert werden, um eine solche Äquivalenz herzustellen? Den pfiffigen Topologen fiel eine surrealistisch anmutende Lösung ein: Sie schnitten aus der Kugel zwei Löcher heraus und verbanden diese mit einem schlauchförmigen Gebilde, einem Henkel (denken Sie ruhig an den Henkel einer Kaffeetasse). Und siehe da: Torus und Kugel mit Henkel erweisen sich als äquivalent. (Auch mit dem geistigen Auge kann man nachvollziehen, wie sich eine Kugel mit Henkel plastisch zu einem Ring verformt und umgekehrt. Versuchen Sie es!)

Und wenn der Torus ein Doppeltorus ist, also *zwei* Löcher hat, wie eine Acht? Kein Problem. Er ist äquivalent zu einer Kugel mit *zwei* Henkeln.

Anmerkung: Die Bezeichnung «Loch» ist für einen Torus nicht ganz korrekt. Der Torus bildet eine glatte Oberfläche, die keineswegs ein Loch aufweist. Wenn wir etwa auf einem riesigen Torus leben würden, könnten wir über seine Oberfläche wandern, ohne jemals ein Loch zu entdecken. Das Loch hängt vielmehr damit zusammen, wie dieses besondere Gebilde im dreidimensionalen Raum eingebettet ist. Mit anderen Worten: Das Loch ist hier keine Eigenschaft der Fläche, sondern des sie umgebenden Raumes. Die Abbildung 11

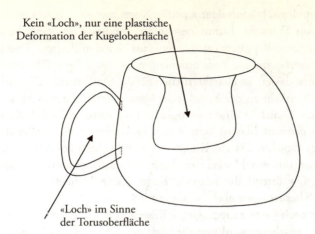

Abb. 11: Eine Einbuchtung in einer Oberfläche ist topologisch kein «Loch» wie bei einem Torus. Die abgebildete Tasse mit Henkel ist einem Torus äquivalent, die Tasse ohne Henkel der Kugel.

zeigt, dass eine Verformung bzw. Einbuchtung in einer Kugeloberfläche – um etwa eine Schüssel oder Tasse zu erhalten – noch kein «Loch» ist, wie es durch Anbringen eines Henkels entstehen würde.

Wir ahnen schon, wie es weitergeht. Dennoch: Wie ist es mit den unzähligen dreidimensionalen Gebilden, die es gibt? Beliebig geformte, durchlöcherte Klumpen zum Beispiel. Sind die auch alle äquivalent zu einer Kugel mit Henkeln? Ja, sagen die Mathematiker in ihrem Hauptsatz der Flächentopologie: Jede geschlossene zweiseitige[6] Flä-

---

[6] Die Einschränkung auf zweiseitige (oder orientierbare) Flächen ist notwendig. (Das Möbius'sche Band ist einseitig oder nichtorientierbar; allerdings ist es keine geschlossene Fläche, sondern besitzt einen Rand.) Den Fall einseitiger geschlossener Flächen im Raum (wie etwa die – nicht realisierbare – Klein'sche Flasche) lasse ich hier außer Betracht. Für sie gilt aber ein analoger Klassifikationssatz.

che ist topologisch äquivalent zu einer Kugel mit einer bestimmten Anzahl von Henkeln. Damit besitzt die Topologie ein einfaches, überschaubares Repräsentantensystem aus Standardflächen. Diese Art der Abstraktion, das Zusammenfassen von unzähligen Objekten zu Merkmalklassen, ist charakteristisch für die Mathematik. Die Anzahl von Henkeln an der Kugel (oder, gleichwertig, die Anzahl der Löcher am Torus) ist eine topologische Invariante und wird «Geschlecht» genannt (das ist kein Witz). Es bestimmt die Merkmalklasse des Objekts. Da ein Knopf mit vier Löchern äquivalent zu einer Kugel mit vier Henkeln ist, besitzt er das (topologische) Geschlecht 4, während die normale Kugel (ohne Henkel) das Geschlecht 0 besitzt – wie auch ein Gummibärchen.

Es gibt noch weitere topologische Invarianten und Eigenschaften, mit denen gearbeitet wird und die auch in der reellen und komplexen Analysis zur Anwendung kommen.

Bestellung des Feldes: Die Vereinheitlichung der Geometrien durch Algebraisierung

Der berühmte deutsche Mathematiker Felix Klein hat 1872 in Erlangen ein Programm zur Vereinheitlichung der Geometrie vorgetragen. Zu jener Zeit war diese Wissenschaft in eine Horde verschiedener Disziplinen aufgesplittert: euklidische und nichteuklidische Geometrie (von Gauß, Riemann, Lobatschewskij und Bolyai), Möbius'sche Geometrie in der Ebene und konforme Geometrie, projektive und affine Geometrie, Differenzialgeometrie und die neu auftauchende Topologie. Es gab sogar Geometrien mit nur endlich vielen Punkten und Geraden. Klein versuchte, dieses Sammelsurium nach einem höheren Prinzip zu ordnen – zu vereinfachen. Und er fand ein Ordnungsprinzip, *indem er jede Geometrie mit den «Invarianten» (den unveränderlichen Größen) einer – zur Geometrie gehörenden – Gruppe von Transformationen in Verbindung brachte.* (Wir wissen, dass die Menge der Automorphismen, das heißt von strukturtreuen Selbstabbildungen eines Objekts, mit der Komposition von Abbildungen eine Gruppe bildet – die Automorphismengruppe.[7]) Die Idee dieses Ordnungsprinzips soll kurz erläutert werden.

In der klassischen euklidischen Geometrie, die wir in der Schule lernen, gibt es den grundlegenden Begriff der Kongruenz, der Deckungsgleichheit. Gestalt und Größe (von Dreiecken und anderen Figuren), die durch Winkel und Abstände bestimmt werden, bilden die Invarianten, die unveränderlichen Größen, und die dazugehörenden Transformationen sind die starren Bewegungen der Ebene, die die Figuren ineinander überführen. Die Menge dieser starren Bewegungen bildet eine Transformationsgruppe, und die in der euklidischen Geometrie untersuchten Eigenschaften sind nun diejenigen, die sich unter der Wirkung dieser Gruppe nicht ändern, zum Beispiel Längen und Winkel. Analog besteht die Gruppe in der hyperbolischen Geometrie aus starren hyperbolischen Bewegungen, in der projektiven Geometrie sind es die projektiven Transformationen und in der Topologie die topologischen Transformationen (zur Veranschaulichung des Ordnungsprinzips brauchen wir nicht auf die speziellen Definitionen einzugehen).

Die Unterscheidung zwischen Geometrien wird im Grunde genommen auf eine Unterscheidung gruppentheoretischer Art zurückgeführt: das höhere Ordnungsprinzip. Das ist aber noch nicht alles, wie Klein darlegte: Manchmal können die Gruppen herangezogen werden, um von einer Geometrie zur anderen überzuwechseln. Wenn zwei scheinbar verschiedenen Geometrien im Prinzip dieselbe Gruppe zugrunde liegt, so sind beide in Wahrheit dieselbe Geometrie. Beispielsweise ist die Geometrie der komplexen projektiven Geraden im Grunde dieselbe wie die der reellen Möbius'schen Ebene,

---

7 Zu den strukturmathematischen Grundbegriffen siehe zum Beispiel meinen Essay *Die Architektur der Mathematik: Denken in Strukturen*.

und diese ist ihrerseits dieselbe wie die der reellen hyperbolischen Ebene.

Kleins Einsicht brachte mit einem Schlag Klarheit und Ordnung in das bisherige Wirrwarr. Allerdings gab es auch eine Ausnahme: Die Riemann'sche «Geometrie der Mannigfaltigkeiten» entzog sich Kleins Versuch der totalen Klassifizierung. Im Großen und Ganzen wurde es jedoch möglich, eine Geometrie mit einer anderen zu vergleichen und Resultate aus einer Geometrie zu benutzen, um Sätze in einer anderen zu beweisen. Kleins Programm war nicht nur außergewöhnlich erfolgreich, es hat immer noch großen Einfluss. Der wird nicht immer explizit wahrgenommen, weil seine Standpunkte allgemein akzeptiert sind – was aber zweifellos ein Erfolgsmaß dieses Programms ist.

Auch heute werden die Untersuchungswerkzeuge vorwiegend aus der Gruppentheorie entlehnt, die, auf die Topologie angewendet, ein eigenes Gebiet, die *Algebraische Topologie*, begründet. Das Ziel ist die Reduktion topologischer Fragen auf abstrakte Algebra – die man länger und besser kennt. Der große französische Mathematiker Henri Poincaré (Zeitgenosse und wohl auch Konkurrent von Klein) fing um die Jahrhundertwende an, die Topologie systematisch zu «algebraisieren». Er selbst war einer der Väter dieser Theorie (der Algebraischen Topologie) und erfand die *Fundamentalgruppe*[8]. Dieser liegt eine geschickte Vermischung von Geometrie und Algebra zugrunde – was uns nach Kleins Erlanger Programm nicht wundern sollte, denn dessen Motto war: «Geometrie *ist* Gruppentheorie».

---

8 Für eine genaue fachliche Definition und Darstellung der grundlegenden Begriffe der Algebraischen Topologie (Wege und homotope Wege in einem topologischen Raum → Algebraisierung durch Verknüpfung zwischen Wegen → Homotopieklassen von Wegen → Homotopiegruppe → Fundamentalgruppe) siehe zum Beispiel den dtv-Atlas Mathematik.

Höhere Dimensionen und die 3-Sphäre

Die Flächen, die – neben vielem anderen – in der Topologie untersucht werden, sind keineswegs immer nur zweidimensional wie eine Kugel- oder eine Brezeloberfläche. Sie können beliebig viele Dimensionen haben. Da sich Mathematiker nun mal gern in höherdimensionalen Räumen bewegen, beginne ich mit ein paar Bemerkungen darüber.

Ein Würfel im vierdimensionalen Raum besitzt nicht nur Länge, Breite und Höhe, sondern noch eine Ausdehnung mehr, die wir uns zwar räumlich nicht vorstellen können, mit der sich aber rechnen lässt wie mit den uns vertrauten drei anderen Dimensionen. Besitzt ein Punkt des gewöhnlichen Würfels die Koordinaten x, y und z, kurz als *Vektor* (x, y, z) zusammengefasst, so wird ein Punkt des vierdimensionalen Würfels einfach mit den Koordinaten (x, y, z, u) bedacht. Oder ein Beispiel aus der Physik: Seit Albert Einstein verfügt die Physik neben den üblichen drei Raumausdehnungen noch über die Zeit als vierte Dimension. Ein Punkt der Raumzeit besitzt die Koordinaten (x, y, z, t). Auch die Kosmologen lehren uns, dass das Universum, in dem wir leben, die dreidimensionale Oberfläche eines vierdimensionalen Gebildes ist, das topologisch einer vierdimensionalen Kugel (*Hyperkugel*) äquivalent ist. Rechnerisch macht es jedenfalls keinen Unterschied, ob ein Punkt nur entlang der x-Achse bewegt oder räumlich fixiert im Zeitablauf betrachtet wird – sich also entlang der t-Achse «bewegt».

Was ist nun eine 3-Sphäre? Auch hier ist eine Annäherung über die niedrigeren Dimensionen bequemer.

Die 1-Sphäre in der (zweidimensionalen) euklidischen Ebene $\mathbf{R}^2$ ist der gewöhnliche Kreis und wird algebraisch durch die Gleichung

$$x^2 + y^2 = 1$$

definiert.

Die 2-Sphäre ist die Oberfläche einer gewöhnlichen Kugel im $\mathbf{R}^3$ und wird algebraisch analog zum Kreis definiert:

$$x^2 + y^2 + z^2 = 1$$

Topologen nennen dies eine Einbettung der 2-Sphäre in den $\mathbf{R}^3$, unseren vertrauten dreidimensionalen euklidischen Raum. Eine schöne Eigenschaft der zweidimensionalen Mannigfaltigkeiten ist, dass jede solche (orientierbare) Mannigfaltigkeit in den $\mathbf{R}^3$ eingebettet werden kann.

Die 3-Sphäre lässt sich am einfachsten formal algebraisch definieren. Sie ist die Lösungsmenge der Gleichung

$$x^2 + y^2 + z^2 + v^2 = 1$$

im $\mathbf{R}^4$, das ist die Menge aller Punkte, die sich mit vier Koordinaten (x, y, z, v) ausdrücken lassen, sprich der vierdimensionale euklidische Raum. Leider kann man sich diesen Raum, sowie die Objekte darin, nur sehr schwer vorstellen. Um sie zu erläutern, greifen wir wieder auf eine nützliche Krücke zurück: die 1- und die 2-Sphäre.

Den Kreis fassen wir auf als die ganze Zahlengerade plus einen zusätzlichen Punkt ∞, der die Enden vereint. Diese Übereinstimmung erhalten wir über eine einfache Abbildung, die so genannte stereographische Projektion (siehe Abbildung 12): In den höchsten Punkt des Kreises denken wir uns eine punktförmige Lichtquelle und identifizieren einen Kreispunkt mit seinem Schatten auf der Geraden. Analog ist die 2-Sphäre die vollständige unendliche Ebene mit einem zusätzlichen Punkt ∞, der den «Nordpol» ausmacht – der einzige Punkt der Sphäre, der unter der Projektion kein Bild in der Ebene hat.

Die 1-Sphäre ist der Geraden ähnlich und die 2-Sphäre der Ebene; nur werden beide, Gerade und Ebene, durch den zusätzlichen «Punkt im Unendlichen» ∞ endlich gemacht, «kompaktifiziert».

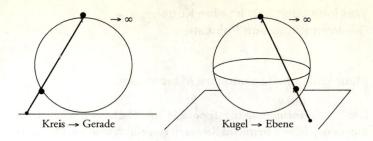

Abb. 12: Stereographische Projektionen der 1-Sphäre (Kreis) auf die Gerade und der 2-Sphäre (Kugel) auf die Ebene. Der höchste Punkt des Kreises bzw. der Nordpol wird auf den unendlichen Randpunkt ∞ der Geraden bzw. der Ebene abgebildet («Kompaktifizierung»).

Analog und im Wesentlichen ist die 3-Sphäre dasselbe wie der dreidimensionale euklidische Raum $\mathbf{R}^3$, zusammen mit dem etwas mysteriösen zusätzlichen Punkt im Unendlichen.

Was kein Loch hat, ist eine Kugel: Die Vermutung von Poincaré

Mannigfaltigkeiten und ihre Mikrostruktur

Die Verallgemeinerung der Topologie von Flächen zu höheren Dimensionen ist von Bernhard Riemann eingeführt worden. Die so verallgemeinerten höherdimensionalen Flächen werden (n-dimensionale) «Mannigfaltigkeiten» genannt. Natürlich können wir sie mit unseren Augen genauso wenig direkt wahrnehmen wie Radiowellen, Magnetfelder oder Gammastrahlung. Nur von zweidimensionalen Mannigfaltigkeiten im dreidimensionalen Raum können wir uns eine etwas unmittelbarere Vorstellung machen (ähnlich wie nur im sichtbaren Bereich der elektromagnetischen Strahlung, dem des Lichts, Abbilder der Außenwelt in unser Gehirn gelangen können). Um in höheren Dimensionen zu arbeiten, brauchen Mathematiker besondere Begriffe und Werkzeuge – so wie ein Arzt für gewisse Untersuchungen die Organ- oder Zellstruktur kennen muss und ein Röntgen- oder EKG-Gerät benötigt.

Das Instrument, mit dem sich die Topologen die Strukturen, die sie untersuchen, sichtbar machen, sind eben gerade die topologischen Abbildungen und Operationen. Da Transformationen aber punktweise definiert sind, müssen sie die (mathematische) Mikrostruktur ihrer Objekte genau kennen. Diese legen sie mit Hilfe logisch einwandfreier, zweckdienlicher Begriffe und Definitionen fest. Wie kann man sich nun die Mikrostruktur höherdimensionaler Mannigfaltigkeiten vorstellen?

Jede (zweidimensionale) Fläche (im gewöhnlichen dreidimensionalen Raum), wie gekrümmt oder kompliziert auch immer sie sein mag, kann man sich stets als Menge von kleinen, runden, zusammengeklebten Flicken vorstellen, von denen jeder topologisch gerade so aussieht wie ein Flicken in der gewöhnlichen Ebene. Man sagt, die *lokale* Struktur einer Fläche ist in topologischer Hinsicht die gleiche wie die der uns vertrauten euklidischen Ebene. Ist das einmal erkannt, lässt sich die Verallgemeinerung auf n Dimensionen leicht nachvollziehen: Eine n-dimensionale Mannigfaltigkeit ist ebenso aus kleinen Flicken zusammengesetzt, die aber statt aus der Ebene aus dem n-dimensionalen Raum herausgeschnitten sind – immer gedanklich und rechnerisch.

Unabhängig von unseren Vorstellungsversuchen lautet nun eine zentrale Frage der Topologie: Wie kann man bestimmte geometrische Objekte, die $n \geq 3$ Dimensionen haben, durch möglichst einfache Eigenschaften charakterisieren?

Mathe mit Lasso

Doch kehren wir zu den niedrigeren Dimensionen zurück. Denn bei der Poincaré'schen Vermutung geht es in erster Linie um die dreidimensionalen Oberflächen vierdimensionaler Körper. Von allen geschlossenen zweidimensionalen Oberflächen dreidimensionaler Gebilde sind nur die vom Geschlecht der Kugel «einfach zusammenhängend». So gilt die bereits beschriebene Eigenschaft, dass jede geschlossene Kurve auf der Oberfläche zusammenziehbar ist, ohne dass sie die Fläche verlässt.

Die dreidimensionale Oberfläche der vierdimensionalen Hyperkugel ist ebenfalls einfach zusammenhängend. Doch im Gegensatz zum vorherigen Fall ist nicht bekannt, ob die dreidimensionale Hyperkugeloberfläche (und ihre Geschlechtsgenossen) die einzigen einfach zusammenhängenden sind oder ob es in einer vierdimensionalen Welt nicht noch andere Körper geben mag, die nicht dem Geschlecht der Hyperkugel angehören und dennoch einfach zusammenhängen. Dies glaube er nicht, hatte im Jahre 1904 der berühmte Mathematiker Henri Poincaré geäußert. Mit anderen Worten: Er war davon überzeugt, dass sich in diesem Punkt der um eine Dimension höhere Raum nicht von dem uns vertrauten unterscheidet.[9] Doch einen Beweis dafür hatte er nicht. «Diese Frage würde uns zu sehr vom rechten Weg wegführen», sagte der französische Gelehrte, ehe er sich anderen Dingen zuwandte. Die Poincaré'sche Vermutung sollte zum berühmtesten Problem der gesamten Topologie avancieren.

Leider ist es sehr schwierig, über die dreidimensionalen Mannigfaltigkeiten einen Überblick zu gewinnen. Für den zweidimensionalen Fall hat man eine Klassifikation: Jede zweidimensionale Mannigfaltigkeit lässt sich in eine von unendlich vielen wohl bekannten Schubladen stecken. Für dreidimensionale Mannigfaltigkeiten hat William Thurston von der Universität von Kalifornien in Davis in den 1970er Jahren eine Klassifizierung vermutet. Wenn diese Vermutung bewiesen werden sollte, wäre die Poincaré-Vermutung gleich mit erledigt.

Der Countdown läuft ... und stockt

Normalerweise wachsen mit der Verallgemeinerung mathematischer Sachverhalte auf höheren Dimensionen die Schwierigkeiten, sie zu ergründen. Nicht so in diesem Fall. Trotz aller Anstrengungen, die Poincaré'sche Vermutung zu beweisen oder zu widerlegen, wider-

---

9 Mathematisch mit Hilfe der Fundamentalgruppe ausgedrückt: Die Fundamentalgruppe der 3-Sphäre ist trivial (in dem Sinn, dass sich jede geschlossene Kurve auf der Oberfläche der 3-Sphäre zusammenziehen lässt), die des entsprechenden Torus (der Oberfläche des vierdimensionalen Torus) dagegen nicht; Poincaré vermutete, dass jede dreidimensionale Mannigfaltigkeit, die nicht gerade homöomorph (topologisch strukturgleich) zur 3-Sphäre ist, eine nichttriviale Fundamentalgruppe hat – was auch für alle heute bekannten dreidimensionalen Mannigfaltigkeiten zutrifft.

stand die Frage bis 1960 hartnäckig allen Lösungsversuchen. Dann konnte jedoch der amerikanische Mathematiker Stephen Smale die Vermutung für alle fünf- und höherdimensionalen Mannigfaltigkeiten beweisen. Das Ergebnis war so bedeutsam, dass ihm für seine Leistung die Fields-Medaille verliehen wurde. Doch bei drei und vier Dimensionen versagten Smales Methoden. Es sollten noch rund 20 Jahre vergehen, bevor ein anderer Amerikaner, Michael Freedman, 1981 in der Lage war, die Vermutung für vierdimensionale Mannigfaltigkeiten zu lösen. (Somit war für jede n-dimensionale Mannigfaltigkeit mit $n \geq 4$ bewiesen, dass sie genau dann eine triviale Fundamentalgruppe hat, wenn sie homöomorph zur n-Sphäre ist – also zur n-dimensionalen Oberfläche einer Kugel im $(n + 1)$-dimensionalen Raum.)

Nun blieb also nur das Problem der dreidimensionalen Mannigfaltigkeiten übrig, für die Poincaré seine Vermutung ursprünglich formuliert hatte. Warum sind gerade die dreidimensionalen Mannigfaltigkeiten im vierdimensionalen Raum so renitent? Die quälende enge Lücke rührt daher, dass zweidimensionale Mannigfaltigkeiten im dreidimensionalen Raum keine ernsthafte Komplexität erlauben und die vier- und höherdimensionalen Mannigfaltigkeiten in den fünf- und höherdimensionalen Räumen ausreichend Platz haben, um sich hübsch neu ordnen zu lassen. Die dreidimensionalen Mannigfaltigkeiten im $\mathbf{R}^4$ sind die Knacknuss; in ihnen liegt eine enorme Herausforderung an die Kreativität: Einerseits ist der zugrunde liegende Raum groß genug, um interessante Komplexitäten zuzulassen, andererseits sind aber die dreidimensionalen Mannigfaltigkeiten darin doch zu sehr eingepfercht, um leicht vereinfacht werden zu können.

Als ob eine Differenzialrechnung nicht schon genug wäre ...

Selbst wenn man von der Renitenz der ursprünglichen Poincaré'schen Vermutung absieht, gibt es noch eine weitere merkwürdige Eigentümlichkeit im vierdimensionalen Raum, eine dramatische Überraschung, die ausgerechnet das Wesen unseres Universums betrifft. Dazu müssen wir zwischen *stetig* und *glatt* unterscheiden. Stetig ist eine Kurve, wenn sie, grob gesprochen, keine Unterbrechungen aufweist, wenn sie gezeichnet werden kann, ohne den Stift vom Papier zu heben. Dabei kann sie durchaus Ecken und Spitzen haben, also Punkte, an denen die Kurve ganz abrupt ihre Richtung ändert. In der Abbildung 13 verdeutlichen die Linien A und B die beiden Auftrittsformen einer stetigen Kurve.

Ändert eine Kurve ihre Richtung überall stetig, sodass an jedem Punkt eine Tangente angebracht werden kann, dann spricht man von einer *glatten* (oder *differenzierbaren*) Kurve. «Differenzieren einer Funktion *f* an einem Punkt *x*» bedeutet *Approximieren durch eine lineare Funktion*: Das entspricht genau dem Anlegen einer Tangente am Punkt (*x*, *f(x)*) der Kurve, die die Funktion *f* darstellt. Die Kurve B in der Skizze ist überall glatt. Dagegen ist die (stetige) Linie A nicht überall glatt (sondern höchstens stückweise), denn sie besitzt Punkte

Abb. 13: Stetige, aber an den «Spitzen» nicht glatte Linie A und durchgehend glatte Linie B (innerhalb der Endpunkte).

beziehungsweise Spitzen, an denen es nicht möglich ist, eine Tangente anzubringen. Eine glatte Kurve ist stetig, aber eine stetige Kurve ist nicht notwendig glatt. (Stetige, durchgezogene Linien, die in keinem Punkt glatt sind, gibt es auch; die kann sich kein Mensch bildlich vorstellen, geschweige denn zeichnen – zumindest konnte das niemand, bevor die ersten Computerbilder von Fraktalen wie der Mandelbrot-Menge auftauchten.)

Stetigkeit ist gut, Glattheit (Differenzierbarkeit) ist besser. Denn damit lässt sich die Differenzialrechnung betreiben und anwenden – was sie zu einer der wichtigsten Methoden in Analysis und Physik macht. Viele von uns haben die «gewöhnliche» Differenzialrechnung in der Schule gelernt – und alsbald wieder vergessen.[10] Diese *Differenzialrechnung einer reellen Veränderlichen* ist, rein topologisch ausgedrückt, nichts anderes als das Studium der *Differenzierbarkeitsstruktur eindimensionaler Mannigfaltigkeiten*.

Unter allen topologischen Mannigfaltigkeiten beliebiger Dimension sind diejenigen von besonderem Interesse, die eine *Differenzierbarkeitsstruktur* besitzen, in denen also Differenzialrechnung betrieben werden kann. Solche Mannigfaltigkeiten nennen wir *glatt* oder *differenzierbar* – wie die entsprechenden Kurven in der Ebene. Topologen entdecken, wie man jede glatte Mannigfaltigkeit mit einer stückweise linearen (und daher sehr einfach zu handhabenden) Struktur versehen kann – bildlich gesprochen, wie ein Ei zu biegen ist, bis es wie ein abgebrochenes Stück Hartkäse aussieht.

Es konnte bewiesen werden, dass die Differenzierbarkeitsstruktur in allen Räumen beliebiger Dimension eindeutig ist – dass es also im Wesentlichen nur auf eine einzige Art möglich ist, Differenzial- und Integralrechnung zu betreiben –, mit einer einzigen, allerdings be-

---

10 Einige haben auch gelernt, dass die erste *Ableitung* der Wegfunktion $x(t)$ eines Massepunktes nach der Zeit, $x'(t)$ oder dx/dt geschrieben, dessen Geschwindigkeit $v(t)$ und dass die nochmalige Ableitung, $x''(t) = d^2x/dt^2 = v'(t) = dv/dt$, dessen Beschleunigung $b(t)$ ergibt.

deutenden Ausnahme, nämlich für die vierdimensionale Raumzeit unseres Universums! Dieses Versagen war umso peinlicher, als dies ausgerechnet der Fall ist, für den sich die Physiker naturgemäß am meisten interessieren. Die Vorstellung, dass es eine nicht der Norm entsprechende Methode der Differenziation in der vierdimensionalen Raumzeit gibt, war einfach undenkbar.

Doch im Sommer 1982 stellte sich das Undenkbare als wahr heraus. Die Nachricht war weder ein verspäteter Aprilscherz noch eine Sommerlochsensation, sondern schlug im daran arbeitenden Wissenschaftlerkreis wie eine Bombe ein. Simon Donaldson, ein 24-jähriger Student der Universität Oxford, konnte (auf der Grundlage von Freedmans Arbeit) ein Ergebnis beweisen, aus dem die Existenz einer nicht der Norm entsprechenden Differenzierbarkeitsstruktur in unserer vierdimensionalen Raumzeit folgte. Mit anderen Worten: Die Analysis, die Physiker und Mathematiker in der ganzen Welt verwenden, ist nicht die einzig mögliche! Als ob *eine* Differenzialrechnung nicht schon genug wäre... Doch der Topologe Clifford Taubes brachte das Fass zum Überlaufen, als er im Anschluss daran zeigte, dass die gewöhnliche Differenzierbarkeitsstruktur auf der Raumzeit nur eine unter *(überabzählbar) unendlich vielen* Möglichkeiten darstellt! Was ist so besonders an vier Dimensionen, dass dieses Phänomen nur dort auftritt? Der vierdimensionale Fall erscheint immer merkwürdiger.

Dass die Mathematiker ihre logisch stimmigen Fiktionen auch abseits der Realität pflegen, wird kaum jemanden stören. Wie ist es aber mit den Physikern, die immerhin mit möglichst wirklichkeitsnahen Modellen unsere (physikalische) Welt zu beschreiben versuchen und darin Differenzial- und Integralrechnung betreiben müssen? Verwenden sie die «richtige» Differenzierbarkeitsstruktur? Oder ist es eher wie bei den verschiedenen Geometrien, wo es darauf ankommt, welcher Ausschnitt der Wirklichkeit betrachtet wird? Gibt es vielleicht unter all diesen Strukturen eine «universelle», die in gewissem Sinne alle anderen enthält?

Poincaré-Vermutung diesmal wirklich bewiesen?

Anfang 1986 legten zwei Topologen, der Portugiese Eduardo Rêgo und der Brite Colin Rourke, einen Beweis vor. Die enormen Schwierigkeiten, die mit diesem Problem verknüpft sind, lassen sich daran ermessen, dass Experten mehrere Monate benötigten, um in Rêgos und Rourkes Arbeit einen Fehler zu entdecken. Das war kein Einzelfall: Denn an der Poincaré-Vermutung haben sich schon viele Mathematiker eine blutige Nase geholt. Poincaré selbst hatte bereits einen Beweis veröffentlicht, ihn dann aber als falsch erkannt und zurückgezogen. Autor der letzten Pleite war der Brite Martin Dunwoody von der University of Southampton, der 2002 einen Beweis publizierte – den er wenig später wieder zurückziehen musste. Das Problem ist nach wie vor ungelöst. Oder doch nicht?

Im April 2003 geriet die Presse wieder in helle Aufregung: Der russische Mathematiker Grigori «Grisha» Perelman habe möglicherweise die Poincaré-Vermutung bewiesen! Die *Frankfurter Allgemeine Sonntagszeitung* vom 20. April veröffentlichte sogar ein Foto des bärtigen Russen, dessen Erscheinung unwillkürlich an Rasputin erinnert.

Doch Perelman wird von seinen internationalen Kollegen als ernsthafter Mathematiker bezeichnet. Der arme russische Gelehrte hatte sich jahrelang im Petersburger Steklov-Institut verschanzt und mit dem Ersparten durchgeschlagen, das er zuvor von seinen Gehältern an verschiedenen Instituten in den USA zurückgelegt hatte. Als er im November 2002 still und leise ein Manuskript ins Internet stellte, konnten nur Spezialisten erkennen, dass hier jemand der Lösung eines der haarigsten Probleme der Mathematik dicht auf der Spur war.[11] Die Bezeichnung «Poincaré-Vermutung» kommt auf den 39 Seiten des Aufsatzes nicht einmal vor. Ungläubig fragte ein Mathe-

---

11 Im Frühjahr 2003 legte Perelman einen ausführlicheren Beweis vor.

matiker per E-Mail an, ob Perelman etwa die berühmte Poincaré-Vermutung bewiesen habe. Die schlichte Antwort: «That's correct.»

Wenn das stimmt, dürfte es mit Stille und Armut vorbei sein. Längst wird der Russe durch die wichtigsten Institute der amerikanischen Ostküste gereicht, um sich den Fragen der Kollegen zu stellen. Jeder, der Perelman auf mögliche Schwachpunkte ansprach, heißt es, habe erkennen müssen: Er hat bislang auf alles eine Antwort.

Es gibt einen Grund, weshalb der Ausdruck «Poincaré-Vermutung» nicht in seiner Arbeit auftaucht. Der Beweis der Poincaré-Vermutung ist für Perelman nur ein Nebenschauplatz. Worum es dem Russen eigentlich geht, ist die (umfangreichere) «Geometrisierungs-Vermutung», womit nicht weniger gemeint ist als die (bereits erwähnte) Idee der kompletten Klassifizierung dreidimensionaler Mannigfaltigkeiten von William Thurston aus den 1970er Jahren. Der Beweis dieser Vermutung hätte den Beweis der Poincaré-Vermutung zur Voraussetzung.

Es bleibt ähnlich spannend wie vor etwa zehn Jahren, als Andrew Wiles seinen Beweis des letzten Fermat'schen Satzes vortrug – ebenfalls ohne den Satz selbst zu erwähnen (da er die umfangreichere Taniyama-Shimura-Vermutung bewies, aus der sich Fermats Satz zwingend ergab).

Synthese von Algebra und Geometrie: Die Vermutung von Hodge

Ganz allgemein gesagt, basiert die Vermutung von William Hodge, der sie 1950 erstmals aufstellte, auf einer Verbindung zwischen Algebra und Geometrie. Mathematiker konstruieren mit den unbekannten Lösungen von Gleichungen geometrische Räume, deren Eigenschaften sie ergründen, um mit Hilfe dieser Eigenschaften wiederum Rückschlüsse auf die Lösungen der ursprünglichen Gleichungen zu ziehen. Es geht – wie so oft in der Topologie – um höherdimensionale Mannigfaltigkeiten, die hier jedoch über Systeme algebraischer Gleichungen definiert werden. Die Philosophie der Vermutung könnte folgende sein: Was Sie schon immer über algebraisch definierte Mannigfaltigkeiten wissen wollten, aber nicht zu fragen wagten, ist mit den Mitteln der Analysis, sprich Differenzial- und Integralrechnung, zu finden.

Eine algebraisch definierte Mannigfaltigkeit ist die Lösungsmenge eines Systems von Polynomgleichungen. In der Regel definiert eine Gleichung in n Variablen eine «Hyperfläche» der Dimension $n - 1$. Zum Beispiel definiert die Gleichung

$$x^2 + y^2 + z^2 = 1$$

in drei Variablen die 2-Sphäre – die Oberfläche einer gewöhnlichen Kugel im $\mathbf{R}^3$, wie wir bereits wissen.

Die Lösungsmenge eines Systems mit k Gleichungen ist die Schnittmenge der dazugehörigen Hyperflächen. Im Allgemeinen hat sie die Dimension $n - k$. Leider kann man sich solche Gebilde praktisch nicht mehr vorstellen, vor allem wenn die Variablen komplexe Zahlen sind. Aber immerhin kann man damit gut rechnen, denn die Mathematik funktioniert im Wesentlichen genauso wie im gewohnten niedrigdimensionalen Fall.

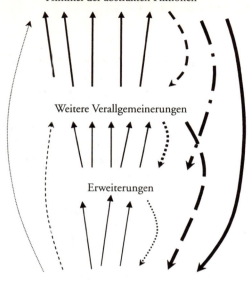

Abb. 14: Schematische Darstellung einer Vorgehensweise in der Mathematik, wenn die zugrunde gelegte konkrete Problemstellung zu wenig Struktur besitzt, um befriedigende Ergebnisse zu erzielen. Zuerst erweitert und verallgemeinert man die Problemstellung, und dann versucht man, sie mit bereits untersuchten abstrakten Strukturen in Beziehung zu bringen, die wiederum Rückschlüsse auf die Lösung der ursprünglichen Problemstellung erlauben. Vielleicht wird eines Tages auf diese Weise tatsächlich eine *Grand Unified Theory of Mathematics* geschaffen – eine grandiose Universaltheorie, auf der alle Mathematik beruht.

Das soll nun kein Trost sein. Erinnern wir uns an die Vorgehensweise bei der Vermutung von Birch und Swinnerton-Dyer: Die Gleichungen elliptischer Kurven haben zu wenig Struktur, um befriedigende Ergebnisse zu erhalten; und so erprobt man Erweiterungen und Verallgemeinerungen, und wenn das immer noch nicht hilft, fabuliert man sich in assoziativer Weise abstrakte Fiktionen im mathematischen Himmel zusammen – in der Hoffnung, dann in wundersamer Weise dennoch befriedigende Antworten auf die ursprünglich gestellten Fragen zu erhalten. Dieses Schema, das Sie in Abbildung 14 skizziert sehen, kommt in der Mathematik öfter zur Anwendung. Abstraktion hilft zur Einsicht.

Wie funktioniert diese Vorgehensweise bei der Vermutung von Hodge?

Zur Anwendung kommen vor allem jüngere Formalismen und Techniken aus dem Bereich der algebraischen Geometrie. Mittendrin tauchen auch immer wieder vertraute Begriffe auf, wie derjenige des Vektorraums.[12] Wenn es dann aber um den «Vektorraum aus Differenzialformen» geht – dem so genannten Hodge-Raum –, kramt man schon etwas hilflos in seinem mathematischen Gedächtnis. Ein «Differenzial» fdx ist das, was in dem Integral $\int f(x)dx$ «integriert» wird; und «Differenzialformen» sind höherdimensionale Verallgemeinerungen davon.

Die Hodge-Vermutung behauptet nun, dass dieser Vektorraum für jede algebraisch definierte Mannigfaltigkeit von Differenzialformen aufgespannt (erzeugt) wird, die ihrerseits zu algebraisch definierten Untermannigfaltigkeiten gehören. Dies ist allem Anschein nach eine tiefgründige Aussage über strukturelle Beziehungen, doch selbst ein Mathematiker, der nicht gerade auf dem Gebiet arbeitet, wird Schwierigkeiten haben, sich darunter etwas vorzustellen. Versuchen wir, uns mit Hilfe einer Skizze (Abbildung 15) ein Bild zu machen.

---

12 Siehe zum Beispiel mein Taschenbuch *Die Architektur der Mathematik* (Begriffe: Gruppen, Vektorräume, topologische Vektorräume, Funktionenräume).

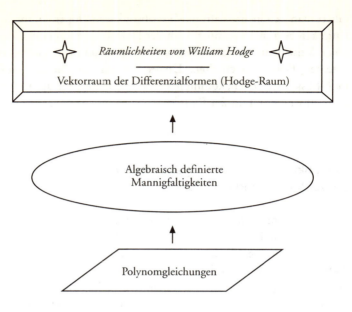

Abb. 15: Schematische Darstellung der drei Hauptebenen in der Hodge-Vermutung. Der Hodge-Raum wird von elementaren Differenzialformen aufgespannt (erzeugt), die sich ihrerseits aus algebraisch definierten Untermannigfaltigkeiten ergeben.

Es ist auch nicht leicht, die Hodge-Vermutung genau zu formulieren. Das misslang übrigens Hodge selbst bei seinem ersten Versuch. Er schlug eine Verallgemeinerung vor, die sich als falsch herausstellte. Das korrigierte der französische Mathematiker Alexandre Grothendieck 1969 in einem Aufsatz mit dem drastischen Titel: «Hodges allgemeine Vermutung ist aus trivialen Gründen falsch.» Heute verstehen die Spezialisten unter den Mathematikern die Theorie gut genug, um sicher zu sein, dass die Vermutung korrekt formuliert ist, und sie halten sie allgemein für richtig. Dennoch könnte sie sich immer noch als falsch herausstellen – aus «trivialen» Gründen, die sich in den letzten 50 Jahren der Aufmerksamkeit entzogen haben.

Das Clay Mathematics Institute (CMI) ist ganz allgemein bereit, den ausgesetzten Preis auch für eine Widerlegung anstelle eines Beweises einer Vermutung zu vergeben – vorausgesetzt, die Widerlegung verändert radikal das Wesen der Theorie. Wenn es dagegen nur darum geht, einen kleinen Fehler aufzudecken – wie bei Grothendieck –, dann behält sich das CMI das Recht vor, das Problem neu zu stellen.

Die Millennium-Probleme der Mathematischen Physik

Ausdrucksformen für Naturgesetze: Differenzialgleichungen

Eine genaue Darstellung und Erörterung der Navier-Stokes- und der Yang-Mills-Gleichungen könnte man vielleicht mit einer Pixel-Beschreibung eines Van-Gogh- oder Picasso-Bildes vergleichen. Die speziellen mathematischen Voraussetzungen würden selbst so manchen Gymnasiallehrer für Mathematik und Physik überfordern. Die Navier-Stokes- und Yang-Mills-Gleichungen sind recht komplizierte Differenzialgleichungen – und Differenzialgleichungen sind die Ausdrucksformen par excellence für Naturgesetze. Von welcher Art solche Gleichungen sind, werde ich möglichst elementar zu erläutern versuchen.

Die Analysisbereiche von (gewöhnlichen und partiellen) Differenzialgleichungen setzen mindestens ein Jahr Differenzial- und Integralrechnung voraus, ein Gebiet, von dem bereits in der gymnasialen Oberstufe wichtige Teile unterrichtet werden – mit Anwendungen etwa auf Kurvendiskussionen und Extremwertaufgaben. Vielleicht haben Sie im Physikunterricht sogar eine schwingende Masse an einer Stahlfeder oder ein schwingendes Pendel formelmäßig beschrieben. Dann können Sie sich noch erinnern, dass am Ende – je nach den herrschenden physikalischen Bedingungen wie der Reibung etwa – verschiedene Fälle beziehungsweise Lösungsformen zustande kamen: aperiodischer Kriechfall, aperiodischer Grenzfall, gedämpfter Fall und ungedämpfter Fall. Es handelt sich hier um eine «homogene lineare Differenzialgleichung 2. Ordnung mit konstanten Koeffizienten».

Bereits die übliche allgemeine Definition einer Differenzialgleichung würde fast jeden Leser, der nicht Mathematiker oder Physiker ist, überfordern. Ich beschränke mich daher auf ein paar einfache Beispiele, die nicht mehr Analysis benötigen, als im Gymnasium unterrichtet wird.

Was ist eine Differenzialgleichung?

Eine Gleichung, in der neben Variablen $y(x)$ auch deren Differenziale (oder Ableitungen)

$$y' = \frac{dy}{dx}, \; y'' = \frac{d^2 y}{dx^2}, \; \ldots$$

vorkommen, heißt Differenzialgleichung. Ein paar Beispiele:

$$y' = \tfrac{1}{2}x + 1, \; y' = x(y-2), \; y' = \tfrac{x+2y}{x}, \; y'' + 2xy' - y = \cos 2x.$$

Nehmen wir das erste, einfachste Beispiel: $y' = \tfrac{1}{2}x + 1$. Gesucht werden (alle) reellwertige Funktionen $y = f(x)$, deren Ableitungen gleich $\tfrac{1}{2}x + 1$ sind. Das sind dann die Lösungen der Differenzialgleichung – die man, analog zu Lösungen von algebraischen Gleichungen, durch Einsetzen bestätigt.[1]

Gemäß den Ableitungsregeln für Polynome wissen wir, dass die

---

[1] Die Unbekannten sind hier Funktionen und nicht Zahlen, wie in der Algebra: Wenn eine Gleichung wie $x^2 + 2x + 5 = 0$ vorliegt, wissen wir sofort: x ist die unbekannte Zahl, die es zu finden gilt. Die Gleichung hat die zwei komplexen Lösungen: $x_1 = -1 + 2i$ und $x_2 = -1 - 2i$ (i ist die imaginäre Einheit). Wir können diese Lösungen als solche bestätigen, indem wir die gefundenen Werte in die ursprüngliche Gleichung einsetzen und feststellen, dass «es stimmt».

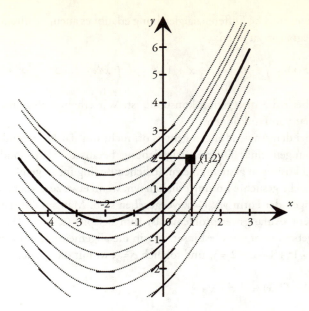

Abb. 16: Ausschnitt aus der Schar der Lösungen $F(x) = f_c(x) = \frac{1}{4} x^2 + x + c$ der sehr einfachen Differenzialgleichung $y' = \frac{1}{2} x + 1$. Es handelt sich um Parabeln. Die spezielle Lösungsfunktion $f^*(x)$ mit der Bedingung $(x_0, y_0) = (1, 2)$ ist die durchgezogene Parabel (die einzige, die durch den vorgegebenen Punkt geht). Bringt man an jedem Punkt jeder Lösungsfunktion die Tangente an, erhält man das so genannte zur Differenzialgleichung gehörende Richtungsfeld.

gesuchte Funktion ein Polynom zweiten Grades ist: $ax^2 + bx + c$. Dessen erste Ableitung ist gleich $2ax + b$. Durch Koeffizientenvergleich mit $\frac{1}{2} x + 1$ ergibt sich: $a = \frac{1}{4}$ und $b = 1$. Somit sind alle Funktionen $F(x) = f_c(x) = \frac{1}{4} x^2 + x + c$ Lösungen der Differenzialgleichung $y' = \frac{1}{2} x + 1$. Probe durch Berechnen der Ableitung:

$$f'(x) = 2\frac{1}{4} x^{2-1} + x^{1-1} + 0 = \frac{1}{2} x + 1 = y'.$$

Diese einfache Differenzialgleichung erlaubt es auch, sie direkt durch Integration zu lösen:

$$F(x) = \int y' \, dx = \int (\tfrac{1}{2} x + 1) dx = \tfrac{1}{2} \int x dx + \int 1 dx = \tfrac{1}{4} x^2 + x + c,$$

wobei c die Integrationskonstante ist. Wir erhalten also eine ganze Schar von Funktionen.

Bei den Anwendungen geht es oft nicht nur darum, irgendwelche Lösungen einer Differenzialgleichung herauszufinden, sondern es sind Lösungen gesucht, die zusätzlichen Bedingungen genügen. Eine spezielle gesuchte Lösung erhalten wir, wenn etwa zusätzliche Bedingungen der Form $y(x_0) = y_0$ vorgegeben sind. Man spricht dann von einem «Anfangswertproblem». Ist zum Beispiel $(x_0, y_0) = (1, 2)$ vorgegeben, so ergibt die Einsetzung in die allgemeine Lösung $F(x_0=1) = \tfrac{1}{4} \cdot 1^2 + 1 + c = 2 = y_0$ und folglich $c = \tfrac{3}{4}$, womit die spezielle Lösung

$$y^* = f^*(x) = \tfrac{1}{4} x^2 + x + \tfrac{3}{4}$$

lautet. Abbildung 16 zeigt einige Lösungen, darunter auch die spezielle. Hat man es mit Funktionen zu tun, deren Variable die Zeit t ist, dann werden die Ableitungsstriche konventionell durch Punkte ersetzt. Dabei ist $\equiv$ das Symbol für «identisch»:

$$\frac{d}{dt} x(t) \equiv \dot{x}(t), \quad \frac{d^2}{dt^2} x(t) \equiv \ddot{x}(t);$$

Besonders die Physik beschreibt und erklärt zeitabhängige Veränderungen in der Natur. Dazu gehören Ortsveränderungen von Körpern. So beschreiben wir etwa den zurückgelegten Weg $x(t)$ eines Körpers beim freien Fall[2] ohne Reibung als Funktion der Zeit t mit der Gleichung

---

2 Eine sehr gute Einführung gibt W. Blum in seinem Buch *Die Grammatik der Logik: Einführung in die Mathematik*.

$x(t) = -\frac{1}{2}gt^2$, wobei $\frac{d^2x}{dt^2} \equiv \ddot{x} = -g$

die Beschleunigung der Erdanziehung ist. Vielleicht erinnern Sie sich sogar noch an das folgende Beispiel: Eine ideale, reibungsfreie Schwingung um eine Mittellage wird mit

$x = a\cos(\omega t + \beta)$ oder kurz mit $\ddot{x} = -\omega^2 x$

beschrieben. Was ich damit sagen will: Das Wesentliche physikalischer Bewegungen wird oft mittels einer Gleichung für die Beschleunigung ausgedrückt – also mittels einer Differenzialgleichung.

Es gibt unzählige Typen von Differenzialgleichungen: explizite, homogene, inhomogene, lineare, nichtlineare, n-ter Ordnung, mit konstanten Koeffizienten usw. Neben diesen «gewöhnlichen» Differenzialgleichungen, bei denen nur nach Lösungsfunktionen mit *einer* Variablen gesucht wird, gibt es auch «partielle» Differenzialgleichungen, bei denen Lösungsfunktionen mit mehreren Variablen auftreten und wo demnach partielle Ableitungen eine Rolle spielen. Ist zum Beispiel $f(x, y, z)$ eine reellwertige Funktion im dreidimensionalen Raum $\mathbf{R}^3$, dann können partielle Ableitungen für $\partial f / \partial x$, $\partial f / \partial y$, $\partial^2 f / \partial z^2$, $\partial^2 f / \partial x \, \partial y$ usw. betrachtet werden. Auf partielle Differenzialgleichungen, zu denen eine noch weitaus schwierigere Theorie gehört, gehen wir hier nicht ein.

Für die meisten Differenzialgleichungen gibt es gar keine allgemeinen Lösungsmethoden; manchmal gelingt es nur mit Geschick, Geduld oder Glück, eine passende Lösung zu finden.[3]

Bevor wir zu den Millennium-Problemen der Mathematischen Physik kommen, noch ein paar anschauliche Beispiele, die zeigen,

---

3 Eine ähnliche Situation werden wir auch im Kapitel über das Millennium-Problem der Theoretischen Informatik vorfinden, wo kein – effizienter – Polynomialzeit-Algorithmus für das Rundreiseproblem bekannt ist; glückliches Raten ist bisher die einzige effiziente Methode.

wie vielseitig Differenzialgleichungen zur Anwendung kommen: das physikalische (Newton'sche) Roulette, ein ökonomisches Wachstumsmodell, biologische Modelle – und eine «Differenzialgleichung der Liebe» als Beispiel für ein spieltheoretisch-psychologisches Verhaltensmuster.

Roulette: Ein alternativer Weg zur ersten Million?

Mit Hilfe von Differenzialgleichungen werden nicht nur Raketen- und Satellitenbahnen bestimmt und gesteuert. Auch der physikalische Aspekt des angeblichen Glücksspiels Roulette kann mit Hilfe der Newton'schen Mechanik weitgehend beschrieben werden. Beim Roulette wird der zurückgelegte Weg $x(t)$ der Kugel im Kessel in Abhängigkeit der Zeit t durch eine quadratische Differenzialgleichung zweiter Ordnung der folgenden Form beschrieben, wobei a, b, c und d physikalische Konstanten sind:

$$a \cdot \left(\frac{d^2}{dt^2} x(t)\right) + b \cdot \left(\frac{d}{dt} x(t)\right)^2 + c \cdot \left(\frac{d}{dt} x(t)\right) + d = 0$$

oder kurz

$$a\ddot{x} + b\dot{x}^2 + c\dot{x} + d = 0.$$

Hierbei sind $\dot{x}$ (Geschwindigkeit) die erste und $\ddot{x}$ (Abbremsung) die zweite Ableitung von x nach der Zeit t. Die exakte Lösung $x(t)$ sieht sehr kompliziert aus (sie beinhaltet unter anderem Hyperbelfunktionen), kann aber durch eine einfache Exponentialfunktion der Form

$$x(t) \approx \alpha \cdot e^{\beta t} + \gamma$$

(mit geeigneten Konstanten α, β und γ) ausreichend gut approximiert[4][5] werden. (Der rein chaotische Teil des Problems – das Herumspringen der Kugel – wird gesondert gelöst.)

Der zurückgelegte Weg lässt sich auch als Winkel θ = θ(t) darstellen (in Radiant, rad). Die Differenzialgleichungen der Kugelbewegung behalten dabei natürlich die obige globale Struktur:

$$\Omega = \dot{\theta}, \dot{\Omega} = -\alpha \cdot \Omega^2 + \beta - \gamma \cdot \sin\theta$$

oder kurz

$$\ddot{\theta} = -\alpha\dot{\theta}^2 + \beta - \gamma\sin\theta$$

mit den physikalischen Konstanten α, β und γ, wobei $\Omega = \dot{\theta}$ die Winkelgeschwindigkeit (in rad/sec) und sin die Sinusfunktion bedeuten.[6]

Bei gegebenen Anfangsbedingungen und Kenntnis der physikalischen Konstanten ist es möglich, besonders interessante Positionen der Kugel gegen Ende ihres Laufes zu berechnen – wo und wann genau sie zum Beispiel den Kesselrand verlässt oder mit einer der Rauten kollidiert, und das alles noch bei Kesseln ohne und mit geringer

---

[4] Thorp, E. O.: *The Physical Prediction of Roulette*. Allerdings musste Thorp in Analogtechnik arbeiten (da es vor 40 Jahren noch keine bequemen digitalen Minicomputer gab); das heißt, er musste die Differenzialgleichung mit Hilfe eines geeigneten elektrischen Stromkreislaufes simulieren.
[5] Andere haben als Approximation einfach eine quadratische Funktion in *t* genommen, wiederum andere haben eine Art «statistischen Algorithmus» mit Hilfe von repräsentativen Lernspielen entwickelt, nach dem sich die Prognosen weiterer Coups durch bestmögliche Ähnlichkeit in den Anfangsbedingungen bilden lassen – vermutlich die klügste, universellste Realisierung, die zudem keine umständliche Ermittlung vieler physikalischer Konstanten erfordert (weil diese implizit schon in den Lernspielen enthalten sind).
[6] Eichberger, J.-I.: *Roulette Physics*.

Schieflage («Tilt»). Nach diesem Prinzip sind mehrere «Ballistik-Algorithmen» entwickelt und auf Pocket-PCs implementiert worden. Ihre Anwendung in Casinos führte zu positiven mathematischen Erwartungen – weshalb derartige technische Hilfsmittel weitgehend verboten wurden. (Für Gewinnmethoden auf physikalischer Basis braucht man sich jedoch nicht unbedingt mit Formeln herumzuschlagen. Durch Beobachtung und Erfahrung kann jeder derartige Differenzialgleichungen lösen, auch wenn sie recht kompliziert anmuten. Wenn es einem Autofahrer zum Beispiel gelingt, rechtzeitig vor einer Mauer abzubremsen oder dem Vordermann in einer Kolonne nicht aufzufahren, so löst er ständig und erfolgreich die verschiedensten Differenzialgleichungen – da jede Bewegung, jede Beschleunigung, Abbremsung, Richtungsänderung durch eine Differenzialgleichung beschrieben wird. Im Roulette wird diese *empirische* Art, Differenzialgleichungen zu lösen, durch die so genannte visuelle Ballistik, auch «wheel watching» oder «Kesselgucken» genannt, bewerkstelligt.[7])

Für die Lösung der Differenzialgleichung der rollenden Kugel gibt es von der Stiftung des Clay Mathematics Institute kein Preisgeld. Allenfalls muss man sich damit sein Milliönchen selbst erspielen – sofern es die Casinos (auch ohne verbotene Hilfsmittel) zulassen ...

Differenzialgleichungen in Ökonomie und Biologie

Differenzialgleichungen sind mathematische Ausdrucksformen, die

---

[7] Siehe mein Buch *Roulette – Die Zähmung des Zufalls* oder mein Taschenbuch *Die Welt als Roulette*. Die mathematische Erwartung kann nur positiv sein, wenn der chaotische Teil des Laufs der Kugel – ihr Streuverhalten oder Herumspringen – keine *völlige* Gleichverteilung der Ergebnisse zur Folge hat (was auch meistens der Fall ist).

überall dort auftreten und zur Beschreibung von Phänomenen herangezogen werden, wo Entitäten untersucht werden, die Änderungen unterworfen sind, und wo Wechselwirkungen und Rückkopplungen stattfinden, kurz gesagt, wo es um *dynamische Systeme* geht. Und das ist schon lange nicht mehr nur auf physikalische Gesetze begrenzt. Es gilt auch für nahezu alle Aspekte der Ökonomie, und nicht nur im Rahmen spitzfindiger ökonometrischer Modelle.

Wenn etwa eine unbekannte ökonomische, zeitabhängige Wachstumsfunktion $x(t)$ zur Debatte steht, dann können wir ihre erste Ableitung $\dot{x} = dx/dt$ als Wachstumsgeschwindigkeit bezeichnen (ganz ähnlich wie die Geschwindigkeit eines Autos als die erste Ableitung des zurückgelegten Weges darstellbar ist). Bezeichnen wir das Verhältnis $\dot{x}/x$ als «Wachstumsrate» und fragen, welche Funktionen $x(t)$ eine konstante Wachstumsrate k haben. Und schon haben wir die Differenzialgleichung eines ökonomischen Modells mit konstanter Wachstumsrate:

$$\frac{\dot{x}}{x} = k \text{ (oder } \dot{x} = kx\text{)}.$$

Die Lösungen $x(t)$ können nur von der Form $\exp(kt) = e^{kt}$ sein,[8] denn die Exponentialfunktion ist die einzige Funktion, die gleich ihrer ersten Ableitung ist. Eine konstante Wachstumsrate hat also exponentielles Wachstum zur Folge.

Differenzialgleichungen beschreiben auch die dynamischen Systeme der biologischen Selektion, ganz egal, ob diese Selektion nun die Häufigkeit von Genen (Populationsgenetik), die Kopfzahlen von Tierpopulationen[9] (Populationsökologie), die Konzentrationen selbst

---

[8] Es gilt übrigens $\frac{\dot{x}}{x} = \frac{1}{x}\frac{dx}{dt} = \frac{d}{dt}\ln x$ (mit ln als der Funktion des natürlichen Logarithmus, d. h. zur Basis e), weshalb wir die Differenzialgleichung $\frac{\dot{x}}{x} = k$ auch $\frac{d}{dt}\ln x = k$ schreiben können. Durch Integration erhalten wir $\ln x(t) = kt + \ln x(0)$ oder $x(t) = x(0)e^{kt}$.

[9] Am besten bekannt in der Biologie dürfte das Räuber-Beute-Modell sein (siehe Hofbauer/Sigmund: *Evolutionstheorie und dynamische Systeme*).

reproduzierender Makromoleküle (präbiotische Evolution) oder die Wahrscheinlichkeit erblicher Verhaltensmuster im Tierreich mit Hilfe der Spieltheorie (Soziobiologie) reguliert. Speziell die Verhaltensstrategien der Spieltheorie scheinen eine solide Brücke zwischen Ökonomie und Biologie zu spielen – erweitert auf die Psychologie des Menschen, wie das nächste Beispiel suggeriert.

Eine Differenzialgleichung der Liebe?

Ehekrach folgt eigenwilligen Regeln. Seit Jahrzehnten bemüht sich die empirische Psychologie, das Allzumenschliche auch quantitativ zu fassen. Jetzt vermeldet der Beziehungsforscher John Gottman den Durchbruch: Er hat die Naturgesetze des Ehelebens mathematisch entschlüsselt. Seit einem Vierteljahrhundert filmt der Psychologieprofessor streitende Paare in seinem «Love Lab» an der University of Washington. Tausende Videos haben seine Doktoranden ausgewertet. Jeden Satz, jeden Gesichtsausdruck bewerteten sie auf einer Emotionsskala von Verachtung über Jammern bis zur Zuwendung. Daraus konnten sie allgemeine empirische Regeln ableiten: In einer prinzipiell intakten Beziehung spiegelt der Partner bis zu einem gewissen Grad die Gefühle des anderen, auch wenn beide sich anschreien. Wenn die Frau jedoch lacht, während der Mann zetert, oder umgekehrt, droht der Bruch. Was trivial klingt, wird bei Gottman zur wissenschaftlichen Erkenntnis veredelt. Nach eigenen Angaben habe er bei über 90 Prozent der Testpaare die Scheidung richtig vorhergesehen.

Um der Theorie noch die Weihen der höheren Mathematik zu verleihen, schrieb Gottman sein 37. Buch: *The Mathematics of Marriage – Dynamic Nonlinear Models*. Darin beschreibt der Beziehungsguru die Wechselwirkungen der Eheleute mit Hilfe von Differenzialgleichungen. Mit «Einfluss-Funktionen» wird ermittelt, wie die negativen Emotionen des einen Partners auf die Laune des anderen abfärben. Kommunikation wird innerhalb von Koordinatensystemen bewertet, Vektoren deuten auf Wutausbruch oder innere Resignation. Der Rest ist simpel: Geht die erste Ableitung der Gefühlskurve gegen unendlich, droht die Singularität des Ehebruchs. Mit seiner Mathematik der Ehe dürfte Gottman die empirische Psychologie so vollenden wie Isaac Newton die klassische Mechanik. Spannend wird es aber erst mit Baby – denn ab drei Körpern herrscht die Chaostheorie.

Fraktales Wetter, Turbulenzen:
Zur Navier-Stokes-Gleichung

Wellen folgen unserem Boot, während wir über den See gleiten, und turbulente Luftströme begleiten unseren Flug in einem modernen Jet. Mathematiker und Physiker glauben, dass es möglich ist, die Ströme und Turbulenzen mit Hilfe der Lösungen der Navier-Stokes-Gleichungen sowohl zu beschreiben als auch vorherzusagen. Obwohl diese Gleichungen schon im 19. Jahrhundert niedergeschrieben wurden, haben wir sie bis jetzt nur ungenügend verstanden. Die Herausforderung besteht darin, substanzielle Fortschritte in Richtung einer mathematischen Theorie zu erzielen, die uns die in den Gleichungen von Navier-Stokes verborgenen Geheimnisse preisgibt.

So harmlos klingend beschreibt das Clay Mathematics Institute populärwissenschaftlich ein Problem, für dessen Lösung es eine Million Dollar ausgelobt hat. Es geht also um das mathematische Verständnis von Naturphänomenen, in denen Wasser und Luft ihre Dynamik ändern und etwa von der glatten zur turbulenten Strömung übergehen. Abgesehen von unterschiedlichen Zahlenwerten, gilt für die Bewegung von Flüssigkeiten und Gasen dieselbe Gleichung: die Navier-Stokes-Gleichung, die eigentlich aus zwei Gleichungen besteht. Sie beschreibt, wie die physikalischen Gesetze (im Wesentlichen Newtons berühmte Formel «Kraft ist Masse mal Beschleunigung») den Zustand einer Strömung an einem bestimmten Ort und zu einer bestimmten Zeit verändern. Die Navier-Stokes-Gleichung ist eine nichtlineare partielle Differenzialgleichung der klassischen Mechanik.

Da ich Sie nicht erschrecken möchte, zeige ich Ihnen in der Abbildung 17 nur spaßeshalber und ohne weitere Erläuterungen den Beginn der offiziellen Formulierung des Problems durch Charles L. Fefferman für das Clay Mathematics Institute. Man erkennt die

> The Euler and Navier–Stokes equations describe the motion of a fluid in $\mathbf{R}^n (n = 2$ or $3)$. These equations are to be solved for an unknown velocity vector $u(x,t) = (u_i(x,t))_{1 \leq i \leq n} \in \mathbf{R}^n$ and pressure $p(x,t) \in \mathbf{R}$, defined for position $x \in \mathbf{R}^n$ and time $t \geq 0$. We restrict attention here to incompressible fluids filling all of $\mathbf{R}^n$. The *Navier–Stokes* equations are then given by
>
> $$\frac{\partial}{\partial t} u_i + \sum_{j=1}^{n} u_j \frac{\partial u_i}{\partial x_j} = \nu \Delta u_i - \frac{\partial p}{\partial x_i} + f_i(x,t) \qquad (x \in \mathbf{R}^n, t \geq 0) \qquad (1)$$
>
> $$div\ u = \sum_{i=1}^{n} \frac{\partial u_i}{\partial x_i} = 0 \qquad (x \in \mathbf{R}^n, t \geq 0) \qquad (2)$$
>
> with initial conditions
>
> $$u(x,0) = u^\circ(x) \qquad (x \in \mathbf{R}^n). \qquad (3)$$
>
> Here, $u^\circ(x)$ is a given, C^∞ divergence–free vector field on $\mathbf{R}^n$, $f_i(x,t)$ are the components of a given, externally applied force (e.g. gravity), ν is a positive coefficient (the viscosity), and $\Delta = \sum_{i=1}^{n} \frac{\partial^2}{\partial x_i^2}$ is the Laplacian in the space variables. The *Euler equations* are equations (1), (2), (3) with ν set equal to zero.

Abb. 17: Die ersten Zeilen der offiziellen Formulierung des Problems mit dem Titel «Existence & Smoothness of the Navier-Stokes Equation» von Autor Charles L. Fefferman für das Clay Mathematics Institute.

Navier-Stokes-Gleichungen (die partiellen Differenzialgleichungen (1) und (2)) sowie die Gleichung (3) für die Anfangsbedingungen.[10] Zur Beantwortung steht also die Lösung des folgenden Anfangswertproblems:[11] Gegeben ist der Zustand des Fluids (Flüssigkeit oder Gas) zu einem gewissen Anfangszeitpunkt; gesucht ist sein Verhalten in der Zukunft. Im Allgemeinen ist diese Lösung extrem schwer zu finden. Exakte Lösungen gibt es nur in sehr wenigen, trivialen Fällen: Wenn der See zum Anfangszeitpunkt in völliger Ruhe ist und keine äußeren Kräfte wirken, wird er für alle Zeiten ruhen. Doch das ist uninteressant. Was machen zum Beispiel Meteorologen und Flugzeugbauer, die die Gleichung täglich brauchen? Sie setzen Computer ein und behelfen sich meist recht erfolgreich mit numerischen

---

[10] Die komplette fünfseitige Formulierung finden Sie im Internet unter www.claymath.org.
[11] Siehe Seite 82.

Näherungslösungen. Aber existieren exakte Lösungen überhaupt, egal wie die Anfangsbedingungen aussehen? Das ist das Problem – denn niemand weiß bis heute, wie die Navier-Stokes-Gleichung exakt zu lösen ist. Dabei gibt es jeden Monat Dutzende neuer wissenschaftlicher Publikationen darüber.

Dynamische Systeme und Chaos

Strömungen sind dynamische Systeme. Heute hat sich die Ansicht durchgesetzt, dass fast alle dynamischen Systeme Chaos zulassen. Es genügt eine beliebig kleine Änderung der Ausgangspositionen oder der beeinflussenden Faktoren, um zu einem grundsätzlich anderen Resultat zu kommen. Die Beschreibung unserer gewohnten Welt offenbart immer mehr Unberechenbares, Nichtlineares, Chaotisches und Unvorhersehbares. Ja, selbst Deterministisches ist nicht immer vorhersagbar – und zwar prinzipiell nicht. Der Topologe Stephen Smale hat untersucht, ob sich eine typische Differenzialgleichung eines dynamischen Systems stets vorhersagbar verhält. Die überraschende Antwort lautet «Nein». In der Tat kann eine vollständig deterministische Gleichung Lösungen besitzen, die allen Betrachtungen gegenüber zufällig erscheinen.[12]

Mathematisch gesehen sind alle Systeme höchst chaosverdächtig,

---

12 Und manchmal ist das dynamische System nicht einmal exakt berechenbar, wie etwa ein Doppelpendel oder ein torkelnder Jupitermond; auch das berühmte Dreikörperproblem gehört hierher. Für *zwei* als Massepunkte gedachte Körper gibt es eine exakte Lösung der Newton'schen Bewegungsgleichungen in geschlossener Form (Kepler-Ellipsen). Das Verhalten von *drei* Körpern ist dagegen außerordentlich kompliziert; soweit wir heute wissen, existieren dafür keine Lösungen in geschlossener Form.
Bei dieser Gelegenheit noch eine Anmerkung zu einer ungenauen und irreführenden Sprechweise. Es wird manchmal gesagt, dass das n-Körper-Problem für $n \geq 3$ «noch nicht gelöst» sei. Das hängt jedoch davon ab, wie man ein Problem

die mehr als zwei «Freiheitsgrade» (Bewegungsmöglichkeiten) besitzen; dies trifft praktisch auf alle komplexen Naturprozesse zu:
- Wetter: Aerodynamische Turbulenzen und Klimaentwicklung sind genauso unberechenbar wie tropfende Wasserhähne.
- Biologie: Der Lebensprozess ist eine Gratwanderung zwischen Ordnung und Chaos, der permanente Versuch, Chaos zu vermeiden; auch Mutationen sind kleine Katastrophen, und Epidemiewellen sind verheerende Auswirkungen oftmals winziger Ursachen.
- Wirtschaft und Gesellschaft: Die Entwicklung der Börsenkurse sowie das soziale Verhalten unter Berücksichtigung psychologischer, irrationaler Faktoren sind im Detail nicht vorhersagbar. (Siehe auch die Beispiele auf den Seiten 86–89.)

Hängt über der Navier-Stokes-Gleichung ein derartiges Damoklesschwert? Weder weiß man, wie sie zu lösen ist, noch ist bekannt, ob sie immer eine Lösung hat. Im Prinzip könnte ein Fluid eine «Singularität» entwickeln – einen oder mehrere Raumpunkte, in denen die Strömung nicht mehr stetig ist, sodass die Gleichung ihren Sinn verliert.[13] Zum Beispiel könnte das Fluid um einen solchen Punkt im Kreise herumströmen, und zwar umso schneller, je näher sich das Fluid am singulären Punkt befindet. Die Millennium-Aufgabe ist es, zu beweisen, dass genau das nicht passieren kann: Wenn die Anfangsbedingungen glatt (differenzierbar) sind, dann bleibt die Strömung für alle Zeit glatt. Die andere Möglichkeit ist natürlich, genau das zu

---

als «gelöst» definiert. Wenn man verlangt, dass bei einem «gelösten Problem» gar keine offenen Fragen übrig bleiben dürfen, so gibt es überhaupt keine «gelösten Probleme». Sieht man dagegen ein Problem als «gelöst» an, wenn eine allgemeine Methode angegeben wird, mit deren Hilfe man die Lösung in endlich vielen Schritten mit vorgegebener Genauigkeit berechnen kann, so zählt das n-Körper-Problem zu den «gelösten Problemen», und zwar schon seit mehr als 100 Jahren.
13 «Natura non facit saltus» postulierte Gottfried Wilhelm Leibniz: Die Natur macht keine Sprünge. Das ist die überaus wichtige Bedeutung der Stetigkeit bei der Naturbeschreibung.

widerlegen! Wer ein System glatter Anfangsbedingungen findet, für das die Strömung nicht glatt bleibt, hat den Preis auch gewonnen.

Das entsprechende zweidimensionale Problem wurde vor etwa 40 Jahren gelöst: Olga Ladyzhenskaya vom Steklov-Institut in St. Petersburg (damals Leningrad) zeigte, dass glatte Anfangsbedingungen stets glatte Strömungen zur Folge haben. Im zweidimensionalen Fall gibt es aber keine Turbulenzen – die wahre Crux in drei Dimensionen. Für den dreidimensionalen Fall ist immerhin ein Teilresultat bekannt: Alle anfangs glatten Strömungen bleiben zumindest für einen kleinen Zeitraum glatt; und eine hinreichend langsame glatte Strömung bleibt für immer glatt. Hand aufs Herz: Das wussten wir intuitiv auch so. Aber das ist wenig – zu wenig.

Elementarteilchen, Quantenfelder: Zur Yang-Mills-Theorie

Die Gesetze der Quantenphysik sind für die Welt der Elementarteilchen, was die Newton'schen Gesetze der klassischen Mechanik für die makroskopische Welt sind. Vor fast einem halben Jahrhundert haben Yang und Mills ein bemerkenswertes neues mathematisches Gerüst eingeführt, um Elementarteilchen mit Hilfe von Strukturen zu beschreiben, die auch in der Geometrie vorkommen.[14] Die Quantentheorie von Yang-Mills ist heute die Grundlage eines Großteils der Theorie der Elementarteilchen, und ihre Vorhersagen sind in zahlreichen Labors experimentell getestet worden, doch ist ihr mathematisches Fundament immer noch unklar. Die erfolgreiche Verwendung der Yang-Mills-Theorie bei der Beschreibung der starken Wechselwirkung hängt von einer subtilen quantenmechanischen Eigenschaft namens «Massenlücke» ab. Die Quantenpartikeln haben positive Massen, obwohl sich die klassischen Wellen mit Lichtgeschwindigkeit bewegen. Diese Eigenschaft wurde von Physikern experimentell entdeckt und durch Computersimulation bestätigt, aber vom theoretischen Standpunkt aus haben wir sie immer noch nicht verstanden. Ein Fortschritt in der existenziellen Begründung der Yang-Mills-Theorie und der «Massenlücken»-Eigenschaft wird die Einführung fundamental neuer Ideen erfordern – sowohl in der Physik als auch in der Mathematik.

---

14 Die erwähnten geometrischen Strukturen, auf die ich nicht eingehe, sind die so genannten Faserbündel, abstrakte geometrische Objekte, die tiefer liegende Zusammenhänge zwischen algebraischer Geometrie und partiellen Differenzialgleichungen beinhalten. Sie wurden von Mathematikern in den 1970er und den frühen 1980er Jahren entwickelt – übrigens unabhängig von den theoretischen Physikern, die zu dieser Zeit «Yang-Mills-Felder» untersuchten (und auf ganz ähnliche Strukturen stießen, noch bevor sie von den Arbeiten der Mathematiker erfuhren).

Diese populärwissenschaftliche Beschreibung seitens des Clay Mathematics Institute sieht schon nicht mehr so harmlos aus wie die Beschreibung der Navier-Stokes-Gleichungen mittels Wellen und Strömungen. Unsere Erfahrung mit der Quantenphysik lässt uns zu Recht vorsichtig sein. Die Physik des Subatomaren ist selten anschaulich, und die Quantenlogik hatte mit dem gesunden Menschenverstand noch nie viel gemein. Oft ist in der Quantenwelt das Wort «real» so sinnvoll wie das Wort «kikeriki».[15]

Von der Quantenmechanik zur Quantenchromodynamik

Seit nahezu 100 Jahren hilft uns die Quantenmechanik, die Natur auf der subatomaren Skala[16] zu beschreiben. In der Quantenmechanik treffen klassische Begriffe wie «die Bahn eines Teilchens» nicht mehr zu. Doch die Quantenmechanik der Teilchen ist nur die halbe Geschichte. In der Physik des 19. und frühen 20. Jahrhunderts wurden zahlreiche Naturphänomene mit Hilfe von Feldern beschrieben: die elektrischen und magnetischen Felder, die in Maxwells Gleichungen Eingang gefunden haben, sowie das Gravitationsfeld, das durch die Einstein'schen Gleichungen beschrieben wurde. Kräfte (etwa die elektrische Kraft) werden über Felder (etwas, das an jedem Punkt des Raums existiert) vermittelt. Und das elektromagnetische Feld gibt es

---

15 Es wäre manchmal schon nützlich, wenn die Quantengesetze auch auf unsere Makrowelt zutreffen würden. Zum Beispiel könnte einem aufgrund der Unschärferelation nie nachgewiesen werden, dass man an einem bestimmten Raumzeitpunkt zu schnell gefahren ist …

16 Bereits Einsteins Nachweis der Korpuskeleigenschaft der Photonen (Lichtteilchen), mit denen er Elektronen aus einer Metallplatte herausschoss (1905), kann als ein früher Auftakt der Quantenmechanik gedeutet werden. (Dafür, und nicht für seine Relativitätstheorie(n), bekam er 1921 den Nobelpreis für Physik.)

ja wirklich. Wie aber steht es um die Existenz von Feldern auf subatomarer Skala – was ist mit Quantenfeldern?

Die klassischen Begriffe haben über eine Reihe von Eigenschaften[17] zuerst zum Standardmodell der Elementarteilchenphysik und dann zu den Yang-Mills-Quantenfeldtheorien (1954) geführt. Doch erst rund 20 Jahre später begriff man, dass diese Theorien die starken und schwachen Wechselwirkungen beschreiben. Allerdings fehlt bis heute der mathematische Beweis, dass die von ihnen beschriebenen Quantenfelder überhaupt existieren.

Bei diesem Problem der CMI-Hitliste geht es also darum zu zeigen, dass das mathematische Grundgerüst zum Studium von Quantenfeldern, eben die Yang-Mills-Theorie, die subatomare Welt aus Quarks, Gluonen und dem Rest des Teilchenzoos korrekt beschreibt und begründet. Insbesondere sollte die Theorie die bereits erwähnten «Massenlücken» im Energiespektrum vorhersagen können. Damit ist Folgendes gemeint: Die Energie des leeren Raums ist gleich null, aber sobald auch nur ein Teilchen auftaucht, ist sie mindestens gleich einer gewissen Minimalenergie E. Nach Einsteins Formel

$$E = mc^2$$

---

17 Aus Platzgründen kann hier auf diese Eigenschaften nicht eingegangen werden (es wäre eine schöne Herausforderung für einen theoretischen Physiker, einen Essay über diese faszinierenden Begriffswelten zu schreiben, die ja viel stärker in der Empirie verankert sind als die daraus abgeleiteten rein mathematischen Probleme). Nachfolgend nur ein paar dieser Begriffe, stichwortartig und ohne weitere Erklärung: Ausgehend vom philosophischen *Prinzip des hinreichenden Grundes* von Leibniz, entwickelte Hermann Weyl das so genannte «Eichprinzip», eine Idee, die zu einem physikalischen Prinzip wurde, auf dem das Standardmodell der Elementarteilchenphysik basiert. Auch *Invarianzen* und *Symmetrien* stellen Eigenschaften physikalischer Entitäten dar, die die Theorien bereichern. Symmetrien haben die algebraische Struktur von Gruppen, und tatsächlich sind die Physiker die größten Konsumenten von Gruppen. All dies (und noch viel mehr) beschreibt Lee Smolin sehr anschaulich und ohne Formeln in seinem Buch *Warum gibt es die Welt?*

kann man dem Teilchen die Masse m zuordnen. Zu beweisen ist also, dass nach der Yang-Mills-Theorie Energien zwischen 0 und E nicht vorkommen können.

Die Physiker hoffen, dass aus der aktuellen Version der Yang-Mills-Theorie, der so genannten Quantenchromodynamik (QCD), eine solche Massenlücke folgt – zusammen mit anderen wünschenswerten Eigenschaften (etwa die Eigenschaft, dass Quarks nicht isoliert auftreten können). Das lassen zumindest Computerberechnungen zur QCD vermuten, und ihre Voraussagen wurden bis jetzt durch Experimente bestätigt – auch von Wissenschaftlern an Teilchenbeschleunigern wie dem europäischen CERN. Doch ein strenger Beweis fehlt.

Die offizielle Formulierung des Problems geht darüber hinaus. Die QCD ist ja nur eine von vielen Yang-Mills-Theorien, und zwar diejenige, die auf einer so genannten Eichgruppe von Symmetrien namens SU(3) beruht. (Darunter mag man sich grob die Gruppe der Rotationen im dreidimensionalen komplexen Raum vorstellen.) Es soll gezeigt werden, dass eine noch zu entwickelnde Yang-Mills-Theorie für alle Eichgruppen die Massenlücken-Eigenschaft erfüllt. Das ist starker Tobak, aber wie sollte man sonst Quantenfelder wirklich begründen und verstehen – und schließlich dem Traum einer vereinheitlichten Theorie näher kommen ...

Das Millennium-Problem der Theoretischen Informatik

David Hilbert: Urvater der Programmiersprachen?

Eigentlich können wir David Hilbert in ähnlicher Weise als den Urvater der Programmiersprachen und der Theoretischen Informatik ansehen, wie manche Musikhistoriker in Johann Sebastian Bach den Urvater des Jazz erblicken. David Hilbert als geistiger Auslöser der Programmiersprachen und der Theoretischen Informatik? Zur Zeit seines Rettungsversuchs des Fundaments der Mathematik mit Hilfe seines Formalisierungsprogramms gab es weder Programmiersprachen noch Computer. Aber Hilbert rief die Geister, die er nicht mehr loswurde, und schlimmer, die seine Vision vernichtend in den Boden stampften – ausgerechnet mit Hilfe des Formalismus, dessen Ziel es war, eine klare und vor allem eindeutige Sprache für die Methodologie der Mathematik zu schaffen. Das ist kein Widerspruch zur Tatsache, dass die konkreten Fragen des Hilbert'schen Programms außerordentlich erfolgreiche Wege gewiesen haben. Im Abschnitt «Der historische Vorläufer» (im ersten Kapitel) habe ich den Beginn dieser Entwicklung bereits geschildert.

Nichts als die Wahrheit – und dann noch die *ganze* Wahrheit?

Kurt Gödel, ein junger Österreicher aus Brünn (heute Brno, Tschechien), bewies 1931 an der Universität Wien seinen Unvollständigkeitssatz: Demnach ist jedes formale Axiomensystem, das versucht, die Wahrheit und nichts als die Wahrheit zu sagen – zum Beispiel über Addition, Multiplikation und die natürlichen Zahlen –, zwangsläufig unvollständig.[1] Wenn man das Axiomensystem also so konstruiert, dass es nichts als die Wahrheit sagen kann, dann sagt es einem nicht die ganze Wahrheit. Einerseits gibt es falsche Aussagen, die das Axiomensystem nicht als solche entlarven kann; andererseits gibt es auch wahre Aussagen, die es nicht beweisen kann. Das war der Anfang vom Ende für die Hilbert'sche Vision, die gesamte Mathematik zu formalisieren.

Gödels Originalarbeit enthielt Strukturen, die wir heute als eine formale Programmiersprache interpretieren können.[2] John von Neumann, ein anderer berühmter Mathematiker dieser Zeit (und Begründer der modernen Spieltheorie), erkannte die Bedeutung von Gödels Ergebnis sofort – obwohl er selbst nie einen Zweifel an der Durchführbarkeit von Hilberts Programm geäußert hatte.[3]

---

[1] Genauer sagt Gödels Unvollständigkeitssatz: Ein solches Axiomensystem ist entweder unvollständig oder, noch schlimmer, es enthält innere Widersprüche.
[2] Es gibt eine Analogie mit der Programmiersprache LISP, bei der häufig rekursive Funktionen verwendet werden (Funktionen, die Listen abarbeiten).
[3] Später trieb von Neumann die Entwicklung der Computertechnologie in den USA maßgeblich voran.

Kann ich wissen, ob das Programm anhält, ohne es in Gang zu setzen?

Fünf Jahre später, 1936, schlug der Brite Alan Turing eine noch tiefere Kerbe in das Gebäude von Hilberts Vision, als er die Unberechenbarkeit entdeckte.

Hilbert hat seine Vorstellung von einem «mechanischen Verfahren», mit dem man entscheiden könne, ob ein Beweis korrekt sei oder nicht, nie näher ausgeführt. Das tat nun Turing, indem er das mechanische Verfahren von einer virtuellen, also gedachten Maschine («Turing-Maschine») ausführen ließ. Unter einer Turing-Maschine stelle man sich einen universellen Computer vor, der jede Berechnung durchführen kann, zu der auch ein Mensch fähig ist. Aber erst die Gegenfrage bringt Spannung in die Überlegungen: *Was kann eine solche Maschine nicht?*

Durch Nachdenken entlang den Argumentationslinien Gödels stieß Turing auf ein Problem, das keine Turing-Maschine lösen kann: das so genannte Halteproblem. Es besteht darin, im Voraus zu entscheiden, ob eine Turing-Maschine (oder irgendein Computerprogramm) eine gestellte Aufgabe am Ende lösen und anhalten wird.

Mit einer Zeitvorgabe ist das Halteproblem einfach zu lösen: Man setzt das Programm in Gang und lässt es die vorgegebene Zeit laufen. Danach braucht man nur zu sehen, ob es fertig geworden ist. Schwierig wird es erst, wenn man kein Zeitlimit setzt. Es gibt Programme, die «Endlosschleifen» enthalten; hier könnte man ewig warten.

Das Halteproblem ohne Zeitlimit zu lösen bedeutet also herauszufinden, ob das Programm sicher anhält, ohne es in Gang zu setzen. Turing zeigte, dass dieses Problem prinzipiell unlösbar ist. Die Konsequenzen gehen in die gleiche Richtung wie die aus Gödels Arbeit; allerdings konnte Turing Gödels Aussage noch erheblich verallgemeinern.

Ebenso wie die Arbeit Gödels enthält Turings Arbeit eine Struktur, die wir heute als Programmiersprache bezeichnen würden. Allerdings sind die beiden Sprachen sehr verschieden.[4]

---

4 Turings «Programmiersprache» hat nicht die Struktur einer höheren Sprache wie LISP, sondern eher die einer primitiven Maschinensprache aus Nullen und Einsen, die dem zentralen Rechenwerk seine sämtlichen Einzelaktionen haarklein vorschreibt.

Zufall, Komplexität, Information, Entropie

In den 1960er Jahren präsentierten Gregory Chaitin und Andrej Kolmogorow unabhängig voneinander neue Ideen zu einer «Algorithmischen Informationstheorie». Bei dem einfachen Grundgedanken geht es darum, die Komplexität einer Berechnung zu messen, das heißt den Aufwand, der für die Lösung eines Problems mindestens getrieben werden muss.

Der Computer verarbeitet Wörter als Folgen oder Sequenzen von 0 und 1, und diese Folgen bilden die Anweisungen eines Programms. Es gibt Folgen, die extrem einfach sind, und zwar diejenigen, die ausschließlich aus der Ziffer 0 bestehen, und diejenigen, in denen die 0 und die 1 alternativ aufeinander folgen. Die erste Folge lässt sich durch ein Programm mit der minimalen Länge 1 beschreiben. Dieses Programm schreibt vor, dass «für alle n die n-te Ziffer 0 ist» und lässt den Befehl ausführen, «0 wiederholen». Die zweite Folge lässt sich durch ein Programm der Länge 2 beschreiben: «Die ungeraden Zahlen entsprechen 0 und die geraden Zahlen entsprechen 1», sodass die Befehle aufgerufen werden: «Wenn 0, dann folgt 1, und wenn 1, dann folgt 0.» Die binäre Schreibweise einer gängigen (rationalen) Zahl kann auf den ersten Blick kompliziert erscheinen, beschreiben lässt sie sich aber mit einem sehr viel kürzeren Programm als die Anzahl der Nullen und Einsen, aus denen sie besteht.

Betrachten wir nun eine Folge der Länge n, bei der 0 und 1 nach dem Zufallsprinzip mit einer Wahrscheinlichkeit von je 1/2 gewählt werden. Dann gibt es in der Regel keine Beschreibung der Folge, die eine deutlich geringere Länge aufweist als n.[5] Die durchschnittliche Information, die die Beobachtung einer Folge von Partien fairer Münzwurfspiele liefert, ist also gleich der Anzahl Fragen, die gestellt

---

5 «In der Regel» bedeutet, dass es Ausnahmen gibt, deren Wahrscheinlichkeit sehr klein wird, sobald n relativ groß ist.

werden muss, um die Folge der Ergebnisse herauszufinden. Je zufälliger die Folge ist, umso mehr Fragen muss man stellen, um sie zu rekonstruieren, und umso komplexer ist sie also. Komplex ist das, was nur schwer beschreibbar ist. Komplexität und Information sind zwei Seiten derselben Medaille.

Die totale Zufälligkeit geht verloren, sobald die Wahrscheinlichkeit eines der beiden Symbole 0 oder 1 sehr viel geringer ist als die des anderen. Sie geht aber auch verloren, sobald es ein Gedächtnis eines der vorausgegangenen Würfe[6] gibt, zum Beispiel wenn die Folge von 0 und 1 ein regelmäßig wiederkehrendes, überzufälliges Muster bildet. In diesem Fall können die wiederholten Muster durch ein viel kürzeres Programm «komprimiert» werden. Nach Kolmogorow ist die Komplexität einer Folge von 0 und 1 bestimmt als die minimale Länge des Computerprogramms, das sie beschreibt. Die Komplexität einer bestimmten Folge ist demnach mit ihrem zufälligen Wesen verknüpft: Zufall ist etwas, das nicht weiter komprimierbar ist. Die einzige Möglichkeit, ein vollkommen zufälliges Objekt zu beschreiben, besteht in der vollständigen Aufzählung aller seiner Daten. Da es keine Struktur gibt, ist eine kürzere Darstellung nicht möglich. (Das andere Extrem ist ein Objekt mit einer sehr regelmäßigen Struktur, etwa die milliardenfache Wiederholung der Ziffernfolge 1001: ein sehr großes Objekt mit einer sehr kurzen Beschreibung.)

---

[6] Zufälligkeit und Unabhängigkeit der Würfe bilden auch die Grundaxiome des klassischen Roulette. Das Laplace-Axiom postuliert: Die 37 Elementarereignisse sind gleich wahrscheinlich. Und das Bernoulli-Axiom lautet: Die Wiederholungen solcher Experimente sind unabhängig.

Wer ist der beste Lügner?

Eine nach dem Zufallsprinzip zustande gekommene Folge von 0 und 1 mit gleich wahrscheinlichen Realisierungen hat die maximale Komplexität. Aus diesem Grund ist derjenige der beste Lügner, der am zuverlässigsten die komplexesten Folgen produziert, das heißt solche Folgen, die sich nur schwer erraten lassen.

Dieser Sachverhalt hat in der Spieltheorie eine Entsprechung. Bei vielen Bimatrixspielen, wie etwa beim Nullsummenspiel Knobeln («Papier wickelt Stein ein», «Stein macht Schere stumpf», «Schere schneidet Papier»), gibt es keine optimale Strategie – keine Gleichgewichtssituation.[7] Allerdings können die Spieler beim Knobeln Gleichgewicht herstellen, wenn sie ihre drei Strategien statistisch mit Häufigkeiten von jeweils 1/3 und unabhängig voneinander wählen. In diesem Fall hat dann keiner der beiden Spieler mehr einen Grund, von seiner gemischten Strategie (1/3, 1/3, 1/3) abzugehen.[8] Es ist wichtig, dass der Gegenspieler keinerlei verräterisches Muster herausfindet, aus dem er Schlüsse ziehen und die wirkungsvollste Erwiderung wählen könnte. Am besten wird dies dadurch sichergestellt, dass man die Entscheidung selbst offen lässt und sie einem Zufallsmechanismus anvertraut – gemäß dem Motto: «Unwissenheit ist die beste Methode gegen die Preisgabe von Information».[9]

Auch im Fußball hat diese Strategie einen festen Platz. Ein Experte kommentierte einmal das Spiel des französischen Fußballers Zinedine Zidane: Er sei einer der besten Spieler weltweit und technisch so

---

[7] Siehe zum Beispiel mein Taschenbuch *Abenteuer Mathematik*.
[8] Die Verallgemeinerung dieses speziellen Sachverhalts führt zum «Gleichgewichtstheorem von John Nash für nichtkooperative n-Personen-Spiele».
[9] Nach John von Neumann. Die toten Briefkästen der Geheimdienste illustrieren dieses Prinzip: Wenn ein Agent seinen Verbindungsmann nicht kennt, kann er ihn auch nicht verraten.

perfekt, dass er es sich leisten könne, nicht zu wissen, was er im nächsten Augenblick macht, wenn er den Ball hat. Der beste Lügner oder Täuscher gibt keine verräterischen Muster preis.

Information und Entropie

Zu den formalen Begriffsunterschieden zwischen Wahrscheinlichkeit und Information, zwischen Zufallsmenge und Informationsmenge gesellt sich noch ein aus der Physik stammender Begriff, nämlich der der Entropie – der vor allem mit den Entitäten Energie und Information verknüpft ist.[10] Die Entropie spielt eine herausragende Rolle in den Arbeiten des berühmten Physikers Ludwig Boltzmann. Als Zustandsgröße der Thermodynamik stellt Entropie den Grad der «Unordnung» oder genauer das Fehlen von Organisation innerhalb eines Systems dar. Die Entropie eines Kristalls ist gering, während ein Gas, etwa bei Zimmertemperatur, eine hohe Entropie aufweist. Der Entropiebegriff steht im Zusammenhang mit der fundamentalen philosophischen Frage, warum die Zeit irreversibel ist – warum sie nur in eine Richtung läuft. Ein Scherbenhaufen setzt sich nicht wieder von selbst zur Vase zusammen. In der Boltzmann'schen Theorie wird das dadurch ausgedrückt, dass die Entropie in einem geschlossenen System global immer nur zunehmen kann, das heißt, die Unordnung im System immer größer wird, denn alle Ereignisse der Welt bringen eine Entwertung von Energie mit sich: Heiße Körper neigen dazu, ihre Wärme an kältere Körper

---

10 Entropie kann auch als Größe des Nachrichtengehaltes einer nach statistischen Gesetzen gesteuerten Nachrichtenquelle gedeutet werden. Dieser von Claude Shannon 1948 in seiner modernen Grundlegung der Informationstheorie eingeführte Begriff steht am Anfang jeder Einführung in diese Disziplin.

abzugeben, bis sich die Temperaturen angleichen. Energiegewinnung ist aber nur durch Temperaturunterschiede möglich.[11]

Komplexität – algorithmisch gesehen

Bei jedem Algorithmus hängt die Anzahl der Rechenschritte (oder die Laufzeit) vom Umfang der Eingabedaten des Problems ab. Für diesen Umfang der Eingabedaten hat sich in der mathematischen Umgangssprache auch die Bezeichnung «Dimension» des Problems eingebürgert. Somit können wir die *Effizienz* eines Algorithmus durch die Art messen, *wie* die Laufzeit mit der Dimension des Problems variiert. 1965 wurde vorgeschlagen, die beiden extremen Fälle, die grob dem entsprechen, was nach aller Erfahrung als «guter» und «schlechter» Algorithmus gilt, *polynomiale* und *exponentielle* Laufzeit zu nennen.

Wenn die Laufzeit für eine Problemdimension n wie eine feste Potenz, etwa n^2 oder $10n^{17} + 3n^5$, wächst, dann läuft der Algorithmus in *polynomialer Zeit* (Polynomialzeit-Algorithmus). Wächst sie wie 2^n oder schneller, etwa $3^n + n^{100}$ oder gar $n!$, so läuft er in *exponentieller Zeit* (Exponentialzeit-Algorithmus). Demnach ist der aus der Schule bekannte euklidische Algorithmus (der den größten gemeinsamen Teiler zweier natürlicher Zahlen bestimmt) «gut» oder effizient, weil er in linearer Zeit (der ersten Potenz von n) abläuft, während sich die Faktorzerlegungsmethode als «schlecht» oder ineffizient erweist, weil ihre Laufzeit exponentiell ist. Desgleichen ist auch kein Algorithmus

---

11 Dennoch streben wir *nicht* dem «absoluten Wärmetod», den Physiker im 19. Jahrhundert vorhersagten, entgegen: Obwohl sich unser Universum ständig ausdehnt und abkühlt, lässt es den Temperaturunterschied zwischen dem Innern der Sterne und dem Himmelhintergrund wachsen – das ist die kosmische Energiequelle, die (Selbst-)Organisation erzeugt, in deren Sog Leben entstehen kann.

für das Rundreiseproblem bekannt, der (in diesem Sinne) effizient wäre.

Im Jahre 1798 hat der englische Geistliche Thomas Malthus eine berühmte Abhandlung über Demographie geschrieben, in welcher er das lineare Wachstum der Nahrungsvorräte dem exponentiellen Wachstum der Bevölkerung gegenüberstellte. Der entscheidende Punkt ist, dass bei langen Laufzeiten exponentielles Wachstum unweigerlich die Oberhand gewinnt, wie langsam auch immer es beginnt. Somit spielt im obigen Ausdruck $3^n + n^{100}$ das Polynomialglied n^{100}, so Furcht erregend es aussehen mag, gegenüber dem Exponentialglied 3^n für große n kaum eine Rolle.

Laufzeitfunktion	Umfang der Daten: n					
	10	20	30	40	50	60
n	0,000 01 s	0,000 02 s	0,000 03 s	0,000 04 s	0,000 05 s	0,000 06 s
n^2	0,000 1 s	0,000 4 s	0,000 9 s	0,001 6 s	0,002 5 s	0,003 6 s
n^3	0,001 s	0,008 s	0,027 s	0,064 s	0,125 s	0,216 s
2^n	0,001 s	1,0 s	17,9 min	12,7 Tage	35,7 J	36 600 J
3^n	0,059 s	58 min	6,5 J	385 500 J	$2 \cdot 10^{10}$ J	$1,3 \cdot 10^{15}$ J

(s: Sekunden; min: Minuten; J: Jahre)

Tab. 2: Rechenzeiten in Abhängigkeit des Datenumfangs und der Laufzeitfunktion für beide Kategorien: polynomial und exponentiell. Man beachte die geradezu explosive Wachstumsgeschwindigkeit für die zwei Exponentialfunktionen. Die Rechenzeit für $n = 50$ bei der Laufzeitfunktion von 3^n beträgt 20 Milliarden Jahre, deutlich mehr als das vermutete Alter des Universums, und für $n = 60$ ist die Rechenzeit sogar noch 65000-mal so lang.

Nehmen wir an, dass ein Computer eine elementare Rechenoperation pro Millionstel Sekunde (0,000001 s) ausführt. Die Tabelle 2, deren Werte Sie mit einem Taschenrechner leicht und schnell überprüfen können, zeigt für einen gegebenen Datenumfang n und eine gegebene Laufzeitfunktion, wie viel Zeit der Computer benötigt, um die Rechnung durchzuführen.

Das erinnert an Douglas Adams' *Per Anhalter durch die Galaxis*. In diesem berühmten Science-Fiction-Roman erbauen Außerirdische einen kolossalen Supercomputer und stellen ihm die Frage nach dem Sinn des Lebens, des Universums und von allem. Nach siebeneinhalb Millionen Jahren Rechenzeit[12] präsentiert das Elektronenhirn seine Antwort. Sie lautet: 42.

---

12 Eine sehr kurze Zeit, die darauf hindeutet, dass der Zufallsanteil bei der Beantwortung der Frage nach dem Sinn des Universums und des Lebens (in diesem Science-Fiction-Roman) sehr beschränkt sein dürfte – was allerdings zur konkreten Antwort im Widerspruch stehen könnte... oder vielleicht auch nicht.

P = NP oder Kommt Mathematik ohne glückliches Raten aus?

Sei P die Klasse von Problemen, die durch Algorithmen gelöst werden können, die in polynomialer Zeit ablaufen: Das sind die *leichten* Probleme, die einen *guten*, effizienten Algorithmus haben. Die meisten mathematischen Probleme, die wir in der Schule kennen lernen, sind von diesem Typ: addieren, multiplizieren, Wurzeln ziehen, Potenzen bilden, Gleichungssysteme lösen und so weiter. Es gibt aber durchaus noch Probleme vom Typ P, die Gegenstand aktueller Forschung sind – zum Beispiel Sortierungsverfahren. Durch geschickte Optimierung von Algorithmen kann erreicht werden, dass zum Beispiel n Visitenkarten nicht die grob n^2 Einzelaktionen eines nahe liegenden alphabetischen Sortierungsverfahrens, benötigen, sondern dass der Exponent nahezu auf 1 gedrückt werden kann. Das hat erhebliche Auswirkungen, da Sortieren in vielen Computeranwendungen eine fundamentale Rolle spielt.

Wie steht es aber mit dem Problem: «Finde einen Teiler einer vorgegebenen n-stelligen Zahl a, von der bekannt ist, dass sie keine Primzahl ist»? Um einen der Faktoren s oder t zu finden ($a = s \cdot t$), testet man systematisch alle Kandidaten von 2 bis zur Quadratwurzel aus a, ob sie in a aufgehen. Das beläuft sich, wie die Mathematiker zeigen können, bei einer n-stelligen Zahl im Prinzip auf $10^{n/2}$ Rechenoperationen, was eine weitaus höhere Größenordnung ist als n^k, egal, wie wir k festlegen. (Durch das beschriebene Verfahren – und übrigens auch durch alle anderen heute bekannten – wissen wir aber immer noch nicht, ob es sich um ein Typ-P-Problem handelt; denn vielleicht kommt ja irgendwann jemand auf eine Methode, bei der n^2 Rechenschritte ausreichen.)

Die Probleme vom Typ P können auch bei größerer Komplexität relativ leicht mit Computerhilfe gelöst werden – wodurch wir diese Probleme als «einfach» betrachten können. Nicht einfach in diesem

Sinn ist nach derzeitigem Wissensstand das eben erwähnte Teiler-Findungsproblem. Dies ist ein Repräsentant einer (vermutlich) allgemeineren Klasse, welche die meisten interessanten, schwierigen Probleme enthält und die NP heißt: die Klasse jener Probleme, die sich in *nichtdeterministischer polynomialer* Zeit lösen lassen. Hier erfährt die bisher grobe Unterscheidung polynomial/exponentiell eine neue und interessante Differenzierung:

Wir nehmen irgendein Optimierungsproblem mit seiner Zielfunktion $z(x)$, die minimiert werden soll. Angenommen, für eine gegebene Zahl b (die etwa durch glückliches Raten gefunden wurde) sei es möglich, in polynomialer Zeit *festzustellen*, ob das Problem eine – zulässige – Lösung x mit $z(x) < b$ hat. Dann gehört das Problem definitionsgemäß der Klasse NP an. Beachten Sie, dass der schwierige Teil – die optimale Lösung zu *finden* – nicht verlangt wird.

Angenommen, eine Turing-Maschine sei in der Lage, in verschiedenen Stadien der Berechnung eines Optimierungsproblems Zufallsschätzungen abzugeben. Dies ist ein Gedankenexperiment, da es noch keine Möglichkeit gibt, eine derartige Maschine zu bauen. Stünde aber ein solch hypothetisches Hilfsmittel zur Verfügung (eine so genannte *nichtdeterministische Turing-Maschine,* die in der Lage wäre, *richtige* beziehungsweise *optimale* Zufallsschätzungen abzugeben), könnte das Rundreiseproblem in Polynomialzeit gelöst werden; das Problem würde *einfach* werden und der Algorithmus *effizient*.[13]

Nun ist offensichtlich jedes Problem aus P auch in NP. Gilt aber auch die Umkehrung? Mit anderen Worten: Wenn es möglich ist, eine Lösung in polynomialer Zeit zu *testen*, kann man sie dann auch in polynomialer Zeit *finden*? Kaum anzunehmen – und auch kaum auszudenken! Die geheime Nachrichtenübermittlung, die PIN-

---

13 Eine effiziente nichtdeterministische Ratestrategie, die dem Begriff des NP-Problems zugrunde liegt und die voraussetzt, dass jede der Schätzungen der Turing-Maschine richtig ist – ein Ereignis, dessen Wahrscheinlichkeit beim Rundreiseproblem nur von der Größenordnung $1/n!$ ist –, läuft aber völlig dem Wesen des Algorithmus als einem deterministischen Prozess zuwider.

Codes und die elektronischen Unterschriften (Kryptologie) basieren darauf, dass die Faktorzerlegungsmethode *schwierig* ist. Aber das Undenkbare hat sich in der Mathematik schon häufiger durchgesetzt. Hier brächte es nicht nur Nachteile, sondern auch Vorteile. Denn würde sich das Undenkbare (auf der Basis theoretischer Einsichten, die heute noch völlig fehlen) als wahr herausstellen, könnte man für die interessanten Optimierungsprobleme der Wirtschaft wirklich effiziente Algorithmen angeben. Wir erwarten jedoch eher, dass die beiden Komplexitätsklassen P und NP unterschiedlich sind, dass P ≠ NP gilt, dass die Klasse NP also de facto umfangreicher ist als die Klasse P.

Dies zu entscheiden, scheint auf den ersten Blick gar nicht schwer, aber dem ist nicht so. Das Vertrackte daran ist: Es erweist sich als äußerst schwierig, zu beweisen, dass ein Problem *nicht* in polynomialer Zeit gelöst werden *kann*. Man müsste sich dazu *alle möglichen Algorithmen* vergegenwärtigen und zeigen, dass jeder ineffizient ist. Nichtexistenzbeweise sind oft renitent, man denke an die Quadratur des Kreises, an die Lösung der Gleichung fünften Grades, an den Beweis des Parallelenaxioms oder an die Begründung der Kontinuumhypothese. Die Tatsache, dass für ein NP-Problem, das nicht schon offensichtlich in P liegt, noch kein effizienter Algorithmus gefunden wurde, beweist eben keineswegs, dass es keinen gibt. Andererseits kennt man noch kein Problem, das erwiesenermaßen nicht vom Typ P, wohl aber vom Typ NP ist. *Das wäre ein Problem, das sich prinzipiell nur durch glückliches Raten lösen ließe.*[14]

Ein weiterer merkwürdiger Wesenszug besteht darin, dass alle Probleme, von denen man hoffen konnte, sie lägen in NP, nicht aber in P, einander in starkem Maße ebenbürtig sind. Und das macht es schwer zu entscheiden, wo man anfangen soll. Im Jahre 1971 entdeckte der amerikanische Mathematiker Richard Karp, dass es eine

---

14 Das erinnert an das riesige Gebiet der Differenzialgleichungen, wo es oft nur mit Geschick, Geduld oder Glück gelingt, eine exakte Lösung zu finden.

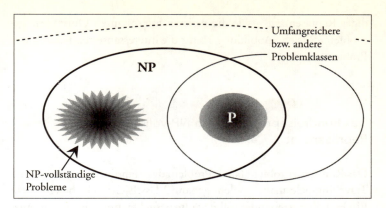

Abb. 18: Die zwei Hauptklassen von Problemen, P und NP (mit P ⊂ NP), die das Millennium-Problem der Theoretischen Informatik betreffen (weil das die für die Computer-Praxis interessanten Klassen sind). Frage ist: Gilt auch NP ⊂ P? Oder gibt es NP-Probleme, die nachweisbar nicht in P liegen? Praktisch alle interessanten Optimierungsprobleme, die nicht bereits in P liegen, sind NP-vollständig, das heißt: Wenn jemals ein NP-vollständiges Problem befriedigend gelöst werden kann, dann verfügt man über die technischen Mittel, um alle NP-Probleme befriedigend zu lösen.

Unterkategorie von NP-Problemen gibt, die in gewissem Sinne Archetypen für die gesamte Klasse der NP-Probleme sind. Er nannte sie die «NP-vollständigen» Probleme. Wenn Mathematiker, so lautet Karps Schlussfolgerung, jemals ein NP-vollständiges Problem befriedigend lösen können, dann verfügen sie über die technischen Mittel, alle NP-Probleme befriedigend zu lösen. Das bewies – ebenfalls 1971 – auch Stephen Cook von der Universität Toronto, indem er zeigte: Sollte für irgendein Einzelproblem aus NP, das aber offensichtlich nicht bereits in P liegt, ein Polynomialzeit-Algorithmus entdeckt werden, dann könnte man mit diesem Algorithmus alle anderen Probleme aus einer großen Klasse schwieriger Probleme, einschließlich der NP-schwierigen, effizient lösen. Das Rundreiseproblem, das nachfolgend kurz vorgestellt werden soll, ist ein solcher NP-vollständiger Repräsentant – wie die meisten interessanten Optimierungsprobleme[15] (siehe Abbildung 18 für die interessantesten Klassen von Problemen).

Das Rundreiseproblem – ein NP-vollständiger Repräsentant

Das Rundreiseproblem (auch Problem des Handlungsreisenden oder Travelling-Salesman-Problem genannt) lässt sich leicht beschreiben: Ein Handlungsreisender soll n Städte besuchen und wieder zum Ausgangsort zurückkehren. Wie muss er seine Rundreise planen, damit die Kosten möglichst niedrig sind? Anstatt der Kosten kann auch der Weg (oder die Zeit) minimiert werden.

Dieses Problem wurde berühmt, weil sich in ihm die Einfachheit der Fragestellung mit der Schwierigkeit der Lösung verbindet. Die Schwierigkeit liegt vor allem bei der «Berechnungsstrategie», da eine Lösung offensichtlich existiert. Wird jeder Ort nur einmal im Verlauf der Rundreise besucht, so gibt es nämlich die astronomische Zahl von $(n-1)! = 1 \times 2 \times 3 \times \ldots \times (n-1)$ möglichen Touren, wobei eine oder auch mehrere minimale Kosten aufweisen. Zum Beispiel liegt 15! bereits in der Größenordnung von $1{,}3 \times 10^{12}$ (1300 Milliarden oder 1,3 Billionen). Eine erschöpfende Aufzählung aller Mög-

---

[15] In meinem Buch *Abenteuer Mathematik: Brücken zwischen Wirklichkeit und Fiktion* widme ich das Kapitel 6 der Entscheidungstheorie – ein umfassendes mathematisches Gebiet, unter dem sich zahlreiche spezielle Disziplinen verästeln: Optimierungsprobleme aller Art, Planungsforschung, Operations Research oder Unternehmensforschung sowie auch große Teile der Spieltheorie. Einige speziell beschriebene Optimierungsbeispiele sind: die lineare Programmierung, das Stundenplanproblem, das Arbitrageproblem, Netzplantechniken, Beispiele für Petri-Netze, Warteschlangen, die dynamische Programmierung, Beispiele der ganzzahligen Optimierung wie das Rucksackproblem usw.

lichkeiten, «vollständige Enumeration» genannt, ist für ein Rundreiseproblem der Ordnung 30 auch für die schnellste Computerwelt jenseits von Gut und Böse, da 30! ungefähr gleich $2{,}65 \times 10^{32}$ ist: Selbst bei Auflistung einer Milliarde (10^9) Touren pro Sekunde würde ein Supercomputer $2{,}65 \times 10^{32-9} = 2{,}65 \times 10^{23}$ Sekunden brauchen. Vergleichsweise bilden etwa 3×10^{16} Sekunden bereits eine Milliarde Jahre. Es handelt sich um eine kombinatorische Optimierungsaufgabe, bei der der Rechenaufwand exponentiell mit der Ordnung n des Problems ansteigt.

Mathematik: keine exakte Wissenschaft?

Die Frage, ob P = NP gilt (wie es noch nicht ausgeschlossen werden kann) oder P ≠ NP (wie es plausibel erscheint), ist jedenfalls das herausragende ungelöste Problem der Theoretischen Informatik, für das die Stiftung des Clay Mathematics Institute eine Million Dollar ausgelobt hat.

Und falls sich eines Tages tatsächlich herausstellen sollte, dass NP ≠ P gilt: Könnte nicht die Gödel'sche Unvollständigkeit (und allgemeiner die Turing'sche Unberechenbarkeit) das unüberwindliche Hindernis für die Gültigkeit der Inklusion NP ⊆ P sein? Man kann die Frage aufwerfen, was denn der tiefere Grund für diese Unvollständigkeit und Unberechenbarkeit sein könnte. Und hier wäre es ganz und gar nicht überraschend, wenn sich eines Tages die Vermutung beweisen ließe, dass ein wesentlicher Pfeiler unserer Welt auf der Quantenwelt beruht und aufbaut. Damit wären wir in einem Bereich angekommen, in dem die Ereignisse grundsätzlich nicht vorhersagbar sind, wo also der Zufall regiert – der echte und reine, und nicht nur der unserer Unwissenheit. Zufall als der tiefere Grund? Auch in der reinen Mathematik?

Denken wir nur an die elementare Zahlentheorie, speziell an die

Verteilung der Primzahlen. Ob eine bestimmte Zahl eine Primzahl ist oder nicht, erscheint ziemlich unvorhersehbar und zufällig. Andererseits gibt es statistische Aussagen wie den Primzahlsatz (den wir im Kapitel über die Riemann'sche Vermutung kennen gelernt haben), der die relative Häufigkeit von Primzahlen innerhalb eines großen Bereichs schon sehr genau beschreibt. Mathematik: keine exakte Wissenschaft?

Machen wir uns bewusst, dass wir die Mathematik und die Probleme in einer Makro-Welt formulieren – mittels Makro-Informationen. Gibt es auch eine mathematische Mikro-Welt – mit Mikro-Informationen? Und wie sieht sie aus? Was sind ihre Elemente, ihre Maßstäbe, ihre Grundgesetze? Wirken im menschlichen Hirn und Denken beide Welten?

Liegt die mathematische Optimierung bereits in der Natur?

Optimierung bei mehrfacher Zielsetzung

Die bisher betrachteten Optimierungsprobleme, wie kompliziert oder komplex auch immer sie durch ihre Kombinatorik sein mögen, haben nur *eine* Zielvorgabe. Es handelt sich dabei jedoch um künstliche Idealfälle, Optimierung mit *einfacher* Zielsetzung ist Reduktionismus. Denn das Leben ist viel härter, es ist der wahre Prüfstand für strategische Schlauheit. Oft sollen im rauen Alltag mehrere Ziele simultan erreicht werden: Marktanteil, Umsatz, Gewinn und Qualität sind zu maximieren, alle Arten von Kosten und Risiken sind dagegen gleichzeitig zu minimieren.

Die optimale Entscheidung bei *mehrfacher* Zielsetzung, auch «Vektormaximum-Problem» genannt, ist ein kniffliges Problemfeld der Entscheidungstheorie. Die Diskrepanz zwischen den konkurrierenden Intentionen und der Knappheit der zur Verfügung stehenden Mittel konfrontiert in der Regel jeden vor eine Entscheidung gestellten Menschen mit der Tatsache, dass keine der möglichen Alternativen eine simultane maximale Erfüllung aller von ihm gesteckten und gleichzeitig verfolgten Ziele gestattet.

Wie bewältigt die Natur die Optimierung bei Zielkonflikten? Auch sie zeugt von dem notwendigen Anpassungskompromiss: «Das Ausleseprinzip der Lebewesen durch optimale Anpassung an freie ökologische Nischen erfordert Verhaltensweisen und Organe, die bezüglich verschiedenster Teilziele (des obersten Überlebenszieles) optimal angepasst sein müssen», schreibt Vitus Dröscher in seinem Buch *Überlebensformel*. «Selbst Organe, deren Zweck offenbar besser erfüllt würde, wenn sie anders geformt wären, werden verständlich, wenn sich erweist, dass sie mehrere Funktionen haben und ihre Gestalt einfach den bestmöglichen Kompromiss zwischen den verschiedenen

Anforderungen bildet. Der Spechtschnabel dient als Pinzette beim Aufpicken von Larven, als Schaufel beim Suchen im Laub, als Meißel beim Bau der Spechthöhle, als Resonanzboden bei der Lauterzeugung und als Instrument zur Gefiederpflege: Würde er nur jeweils einer dieser Aufgaben zu dienen haben, so hätte er sicher eine andere, dem betreffenden Zweck angemessene Form.»

Das Entscheidende ist hier die Natur selbst, und sie verfährt nach dem Prinzip *Versuch und Irrtum*: Versuch durch zufällige Mutation und Entscheidung durch den gesiebten Zufall der Selektion – ein Prinzip, das von weit reichender Bedeutung ist. Angesichts der Evolution drängt sich hinsichtlich des diskutierten «P = NP»-Problems die folgende Frage auf: Kann die Evolution als eine Art Algorithmus – der vielleicht auf einer kosmischen nichtdeterministischen Turing-Maschine abläuft – gedeutet werden? Wenn ja, muss sie trotz aller Kombinatorik ein äußerst effizienter Algorithmus sein, da ihr offensichtlich zahllose komplexe Optimierungen gelungen sind und laufend gelingen – in einem Zeitraum, der uns Menschen jedenfalls nicht entfernt dazu reichen würde, die Möglichkeiten des Rundreiseproblems für nur 30 Städte aufzulisten.

Molekularbiologische Optimierung

Ich räume ein, dass dieser Vergleich im Grunde genommen hinkt, denn offenbar formuliert die Natur ihre detaillierten Zielfunktionen nicht im Vorhinein, sondern «arbeitet» mit dem Vorhandenen. Jedenfalls gehorcht der Optimierungsvorgang, der von der Evolution ausgeht, anderen Prinzipien als denen, die unseren Beispielen zugrunde liegen.

Dennoch könnte die Zukunft der mathematischen Optimierung in der Natur liegen. Sind *genetische Algorithmen* (bei denen Daten um die knappen Speicherplätze kämpfen), *neuronale Netzprogramme* (die adaptives Lernen bewerkstelligen) und die *Bionik* nicht bereits Vorläufer eines neuen Zugangs nach dem Vorbild der Evolution? Bei der Bionik basiert die Optimierung zahlreicher technischer Prozesse auf dem geschickten Abgucken von der Natur. Es erscheint vernünftig, die im Verlauf der Evolution gesammelten Experimentiererfahrungen, wie sie in den biologischen Strukturen enthalten sind, technisch auszuwerten. «Die ganze Erde ist ein riesiges Labor, in dem die Natur experimentiert», sagt Ingo Rechenberg, Leiter des Instituts für Bionik an der Technischen Universität Berlin. Mit biologischen Systemen verfügt der Mensch über «ein Rechensystem, das sich in Abermillionen von Jahren entwickelt hat», schwärmt der Mathematiker Leonard Adleman (Miterfinder des RSA-Systems der Kryptologie), der erstmals das Erbmolekül DNS als Rechner nutzte und damit das Rundreiseproblem für sieben Städte löste. Auf dem Raum, den ein Computerspeicher für ein Bit Information benötigt, bringt eine Körperzelle 1000 Milliarden Bits unter. Und mit der Energie, die Computer verbrauchen, um eine einzige Operation zu leisten, bewältigt die Zelle zehn Milliarden Rechenschritte. «Zellen enthalten mit dem DNS-Molekül ein magisches Medium, das noch die leistungsstärksten Supercomputer zum Abakus degradiert.» Da sei zu erwarten, «dass wir von der Natur einige Rechentricks lernen können».

Wird die Quanteninformatik Abhilfe schaffen?

Seit einigen Jahren wird bereits über neuartige Quantencomputer geschrieben, die exotische Eigenschaften (wie «Verschränkung» und «Teleportation»[16]) von Quantenzuständen bei Photonen, Elektronen oder Ionen nutzen, um höchst effiziente Berechnungen durchzuführen. Und die ersten (theoretischen) Algorithmen zur Lösung schwieriger Probleme in polynomialer Zeit gibt es auch schon. Alles noch mühsame Grundlagenforschung, und die Produktion von marktreifen Quantencomputern ist ein ehrgeiziges Fernziel; aber dem Anwenden muss nun mal das Erkennen vorausgehen – frei nach Max Planck.

Die bewährte Siliziumtechnik für unsere klassischen Computer wird irgendwann an ihre Grenzen stoßen. Noch verdoppelt sich die Leistungsfähigkeit der Chips etwa alle 18 Monate, die Transistoren werden immer kleiner, die Nanotechnologie wird immer erfolgreicher. Geht die Entwicklung so weiter, bestehen die Schaltelemente gegen 2020 vermutlich nur noch aus wenigen Atomen und werden immer störanfälliger. Spätestens dann beginnt die Ära nach dem Siliziumchip. Diese Zukunft wird heute schon intensiv vorbereitet.

Die (zumindest theoretisch) unerhörte Leistungsfähigkeit der Technologie begeistert die Expertenzirkel. «Eines Tages bringt vermutlich schon ein einziger Quantenrechner mehr Leistung als alle heutigen Geräte zusammen», sagt Herbert Walther, Direktor am Garchinger Max-Planck-Institut für Quantenoptik.

---

16 Siehe die Literatur für eine Reihe interessanter Artikel und das Buch von Anton Zeilinger.

Hardware der Quanteninformatik

Die neuartigen Maschinen (bis jetzt gibt es nur ein paar Prototypen dieser extrem komplizierten Quantencomputer, die vorerst nur sehr einfache Aufgaben bewältigen) machen sich jene merkwürdigen Spielregeln zunutze, die im Mikrokosmos der Atome und Elementarteilchen gelten. Wie gewöhnliche PCs stellen sie alle Daten als Folge von Nullen und Einsen dar. Anders als bei Silizium-Chips heißt die physikalische Umsetzung von «null» und «eins» aber nicht «Strom fließt» oder «Kein Strom fließt», sondern «System im Quantenzustand null» oder «System im Quantenzustand eins». Die beiden Quantenzustände können unterschiedliche Schwingungen von Atomen sein oder zwei verschiedene Energieniveaus eines Elektrons.

Das Besondere dabei: Die Bewohner der atomaren Welt lassen sich nicht gern auf einen bestimmten Zustand festlegen. Nach den Gesetzen der Quantentheorie verhalten sie sich mal wie kompakte Teilchen, mal wie ausgedehnte Wellen – und nicht einmal ihr Aufenthaltsort liegt eindeutig fest. Dieser unsteten Wesensart entsprechend befinden sich die Informationsträger des Quantencomputers, Atome und Elektronen, mitunter gleichzeitig in den Zuständen «null» und «eins». Statt mit den vertrauten Bits, die ausschließlich für «null» oder «eins» stehen, arbeitet der Rechner daher zusätzlich mit allen so genannten Überlagerungen (oder Superpositionen) von «null» und «eins», den so genannten Qubits.

Für ein einzelnes Qubit ist dies in etwa vergleichbar mit dem Wurf einer Münze: Beim Wirbeln durch die Luft besitzt sie den Zustand «zwischen Kopf und Zahl». Nach der Landung gibt es nur ein Ergebnis: Kopf oder Zahl, eben «null» oder «eins». Ein Beispiel für Überlagerungen mehrerer Qubits wäre der Wurf mehrerer Münzen, eines Würfels oder gar der Wurf einer Roulettekugel. Während die Kugel im Kessel rotiert, befindet sie sich im Zustand «zwischen 0, 1, 2, 3, ..., 35 und 36».

Das komplizierte Rechnen in der Quantenwelt verschafft der Maschine einen großen Tempovorsprung vor ihren klassischen, makrophysikalisch arbeitenden Kollegen. Das seltsame Doppelleben der Qubits erlaubt der Quantenmaschine, viele Aufgaben *simultan* zu erledigen. Enthält sie ein Qubit, kann sie zwei Zustände auf einmal einnehmen und somit zwei Rechnungen parallel ausführen; bei zwei Qubits sind es vier, bei zehn schon mehr als 1000 (2^{10} = 1024) und bei *n* Qubits sind es 2^n Zustände. Es gibt kein physikalisches Gesetz, das gegen den Bau eines Quantencomputers spricht, doch die technische Umsetzung ist ein anderes Problem.

Rechenwerk und Herzstück eines Ionen-Computers ist eine elektrische Falle. In ihr sitzen geladene Atome (Ionen) wie auf einer Perlenschnur aufgereiht. Jedes Ion stellt ein Qubit dar. Sein Normalzustand entspricht dem Wert «null». Wird ein Elektron in der Hülle des Ions mit Laserpulsen angestoßen und in einen Zustand erhöhter Energie versetzt, nimmt das Qubit den Wert «eins» an. Alle Überlagerungszustände zwischen «null» und «eins» lassen sich durch geschicktes Variieren der Laserpulslängen einstellen. Weil sich die Ionen elektrisch abstoßen, stehen sie ständig miteinander in Kontakt und können per Laser zusätzlich zu gemeinsamen Schwingungen angeregt werden. So entsteht im Prinzip ein wohl koordinierter Rechenschaltkreis zwischen den Teilchen. Das Problem dabei: Je mehr Atome in der Falle eingesperrt sind, desto öfter schubsen sich die unruhigen Partikel gegenseitig von den zugedachten Plätzen und stören sich bei der Arbeit.

Vorerst geht es vorrangig um ausbaufähige Hardware. Schon gibt es Konstruktionspläne für eine Art Ionen-Großrechner. Sein Prozessor soll sich aus Hunderten von Teilchenfallen zusammensetzen, die so trickreich zu einem relativ geräumigen Tunnelsystem mit Speicherplätzen und Arbeitsbereichen gekoppelt sind, dass sich die Qubits darin nicht ins Gehege kommen. Noch bessere Erweiterungsmöglichkeiten verspricht ein anderer Gerätetyp. Statt aus frei schwebenden Partikeln im Käfig besteht sein Innenleben aus festem Material. «Am einfachsten wäre es, wenn Quantencomputer im Kern ähnlich beschaffen wären wie die Festplatten herkömmlicher PCs», sagt der Physiker Gerd Schön von der Universität Karlsruhe. «Dann könnte man beim Ausbau der neuen Maschinen auf das alte Knowhow zurückgreifen.» Als Grundbausteine für solche Festkörper-Quantenrechner kommen beispielsweise winzige, supraleitende Metallplättchen in Frage. Mittels elektrischer Spannungen lassen sie sich gezielt zwischen unterschiedlichen Ladungszuständen hin- und herschalten und damit als Qubit verwenden.

Allerdings haben die Quantenverfahren einen Schönheitsfehler: Der Computer spuckt die simultan ermittelten Ergebnisse nicht getrennt aus. Er liefert ein komplexes Gesamtresultat aus allen möglichen Einzelergebnissen. Für den Alltagsgebrauch taugen die Blitzrechner deshalb kaum – es sei denn, sie arbeiten mit Programmen, die genau auf ihre eigenwillige Funktionsweise abgestimmt sind.

Software der Quanteninformatik

Seit 1994 läuft die Suche nach solcher Spezialsoftware auf Hochtouren. Damals entwickelte der amerikanische Mathematiker Peter Shor[17] einen effizienten Faktorisierungs-Algorithmus (als theoretisches Modell), der in der Fachwelt wie eine Bombe einschlug. Wurden Quantencomputer vorher als esoterischer Physikertraum[18] belächelt, galten sie nun plötzlich als Sicherheitsbedrohung für den gesamten elektronischen Datenverkehr. Viele gängige Verschlüsse-

---

17 Peter Shor wurde bei der Eröffnung des Internationalen Mathematiker-Kongresses in Berlin (18. August 1998) für seine bahnbrechenden Arbeiten mit dem Navanlinna-Preis geehrt – der höchsten Auszeichnung, die innerhalb der Mathematik für die Theoretische Informatik vergeben wird.
18 Schrödingers Gedankenexperiment mit seiner Quantenkatze ist eher als theoretische Metapher anzusehen.

lungsverfahren nutzen nämlich aus, dass konventionelle Computer Mühe haben, große Zahlen in Primzahlen zu zerlegen. Um eine Chiffre zu knacken, die auf der Zerlegung einer 260-stelligen Zahl beruht, bräuchten selbst Spitzenrechner im Moment mehr als eine Million Jahre.[19] Mit Shors Faktorisierungs-Algorithmus (in polynomialer Zeit) könnte ein Quantencomputer den Geheimcode dagegen innerhalb weniger Stunden entziffern. Der Quantencomputer gibt das gesuchte Ergebnis zwar nur mit einer gewissen Wahrscheinlichkeit richtig aus, doch Shor konnte beweisen, dass die Fehlerwahrscheinlichkeit beliebig klein wird, sofern man diesen Rechenschritt oft genug wiederholt. Dieses Wiederholen mag den Quantencomputer verlangsamen, doch er bleibt trotzdem wesentlich schneller als herkömmliche Computer.

Zumindest intuitiv ist die Philosophie der Quantenrechnerei gar nicht so schwer zu erfassen: Wenn die Anzahl der überlagerten Zustände eines Quantenrechenwerks mit der Anzahl der Qubits exponentiell steigt, ähnlich wie auch die Anzahl der zu untersuchenden Möglichkeiten bei einem schwierigen Problem in Abhängigkeit seiner Dimension, dann kann das Verhältnis höchstens mit polynomialer Größenordnung steigen.

Kommerzielle Quantencomputer: Wann?

Alle Forscher sind sich darüber einig, dass bis zur Entwicklung echter kommerzieller Quantencomputer noch einige Zeit vergehen wird. Desktop-Systeme mit Quantenprozessor sind für die nächsten

---

19 Bislang herrschte Euphorie hinsichtlich der Sicherheit der so genannten Public-Key-Codes, von denen das weit verbreitete RSA-Verfahren der berühmteste Repräsentant ist. RSA wurde 1977 von den Mathematikern Ronald Rivest, Adi Shamir und Leonard Adleman erfunden (daher die Abkürzung) und gilt heute als Standard bei digitalem Geld und elektronischen Unterschriften.

Jahre nicht zu erwarten – Pessimisten glauben sogar, für viele Jahrzehnte nicht. Trotzdem unternehmen viele Informatik-Firmen Forschungen im Bereich der Quanten-Datenverarbeitung, weil sie hoffen, einige dieser Prinzipien bald auch in bestehenden Anwendungen nutzen zu können.

IBM forscht seit mehreren Jahren auf diesem Gebiet. Im Jahr 2000 hat das unternehmenseigene Almaden Research Centre unter der Leitung von Isaac Chuang eines der ersten wirklichen Quantencomputersysteme vorgestellt, unter der Verwendung von fünf Qubits aus Fluoratomen, mit dem das Team leicht die Ordnung für eine gegebene Funktion bestimmen konnte. Dieses mathematische Problem (Order Finding) ist für Quantencomputersysteme sehr leicht, für konventionelle binäre Prozessoren hingegen äußerst schwierig. Peter Shor erklärt das Problem der Ordnungsfindung wie folgt: «Man stelle sich ein Gebäude vor, mit vielen Zimmern und der gleichen Anzahl von zufällig verteilten Gängen, die nur in eine Richtung durchquert werden können. Manche der Gänge verbinden Zimmer, andere führen wieder in dasselbe Zimmer zurück. Wer durch alle Zimmer und Gänge spaziert, gelangt irgendwann an den Ausgangspunkt zurück; aber wie groß ist die minimale Anzahl der Gänge, die vorher durchquert werden muss?» Das IBM-Quantensystem konnte jede Version dieses Problems für jede Anzahl von Zimmern und Gängen in nur einem Schritt lösen, während konventionelle mathematische Systeme bis zu vier Schritte dafür benötigen würden, je nach der Dimension des Problems.

Chuang zeigte mit einem anderen Team im Jahr 2001 eine Weiterentwicklung dieser Technik. In einem System mit sieben Qubits hatte er den Faktorisierungs-Algorithmus von Shor implementieren können, der bis dahin nur ein theoretisches Modell gewesen war. Daraufhin gab sich Nabil Amer, Leiter und Stratege der IBM-Forschungsgruppe für Informationsphysik, zuversichtlich: «Dieses Ergebnis bestärkt uns in unserer Zuversicht, dass Quantencomputer eines Tages Probleme lösen könnten, die zu komplex sind, um auch von den leistungsfähigsten klassischen Supercomputern in mehreren Millionen Jahren Rechenzeit gelöst zu werden.»

Der Zusatz «eines Tages» ist hier wichtig. Chuang schätzt, dass ein Quantencomputer mehrere Dutzend oder sogar Tausend Qubits steuern müsste, um von praktischem Nutzen zu sein. Bisher ist es jedoch noch niemandem gelungen, auch nur kleine dieser hypersensiblen Gruppen längerfristig und mit vertretbarem Aufwand zu steuern.

Auch Microsoft hat bereits umfangreiche Investitionen im Bereich der Quanten-Datenverarbeitung getätigt. Ebenso wie bei IBM werden jedoch auch hier Vorbehalte laut. Christian Borgs, einer der leitenden Wissenschafter der Theorie-Gruppe von Microsoft, glaubt, dass die umfangreichen Fehlerkorrekturen, die wegen der Interferenz zwischen den einzelnen Qubits für eine saubere Funktionsweise von Quantencomputern erforderlich wären, ihren kommerziellen Einsatz verhindern werden, auch wenn sie theoretisch durchaus interessant sind. Deshalb hält Microsoft vorerst Nanotechnologie-Systeme für nützlicher, wenn es um die Anwendung im realen Leben geht. «Für welche Option man sich am Ende auch entscheidet, wir werden dabei sein und die Algorithmen entwickeln, um sie zu realisieren», versichert eine Sprecherin des Unternehmens.

Aus den Microsoft-Aussagen wird klar, dass die weitere Entwicklung der Quantencomputer parallel zur Evolution der Nanotechnologie[20] verläuft.

---

20 Auch die Nanotechnologie ist mit vielen Problemen behaftet, aber für sie gibt es bis jetzt deutlich mehr praktische Anwendungsmöglichkeiten als für den Quantencomputer. Nanosysteme werden bereits heute für viele Anwendungen vom Prozessor- und Speicher-Design bis hin zur Produktion von Beschichtungen für Autoteile und Sonnenschutz eingesetzt.

Quantenkryptographie: Eine Zwischenschritt-Anwendung

Die greifbarste Einsatzmöglichkeit für die Quanten-Datenverarbeitung liegt hingegen im Bereich der Quantenkryptographie, eines der am häufigsten diskutierten Konzepte in der Quanten-Datenverarbeitung. Dabei geht es im Grunde um zwei getrennte Fragestellungen: erstens, ob bestehende kryptographische Systeme mit Quantencomputern geknackt werden könnten, und zweitens, ob ein Quantencomputer neue Verfahren für einen sicheren Datenaustausch liefern kann, die sich grundlegend von den bestehenden Modellen unterscheiden.

Was in der Regel unter Quantenkryptographie bezeichnet wird, ist eigentlich eine Kombination aus Quanten- und klassischen Systemen, wobei die Eigenschaften der Quantenmechanik für die *Übertragung des Schlüssels* genutzt werden, auf dem die meisten modernen Kryptographiesysteme beruhen.

Diese Systeme tauschen sichere Schlüssel über einen Quanten-Datenübertragungskanal (Photonen, die über ein optisches Kabel übertragen werden) und über einen herkömmlichen authentifizierten Kanal für die verschlüsselten Daten aus. Dadurch wird zwar die Reichweite der Übertragung begrenzt, aber man schafft einen Schlüssel, der nicht unbemerkt abgefangen werden kann, weil die Photonen nach dem Zufallsprinzip ihren Zustand ändern, wenn sie auf eine nicht vereinbarte Weise gelesen werden. Bis jetzt sind diese Systeme meist nur Experimente, aber irgendwann könnten weitere Einsatzmöglichkeiten für die Quanten-Datenverarbeitung auftauchen, die heute noch Zukunftsmusik sind.

Berühmte bewiesene Vermutungen aus jüngerer Zeit

Fermats letzter Satz: Ein Kraftakt aus über drei Jahrhunderten

Es war der Jurist Pierre de Fermat, der im Frankreich der ersten Hälfte des 17. Jahrhunderts fast selbständig das Fundament der Theorie der ganzen Zahlen schuf. Er war so kreativ und spitzfindig, dass er einen Vergleich mit den besten professionellen Mathematikern seiner Zeit nicht zu scheuen brauchte. Dennoch hat ihm so mancher Historiker der Mathematik einen Platz unter den Großen der Zunft verweigert. Fermat hat sich aber keineswegs nur auf die Zahlentheorie beschränkt: Einige seiner Arbeiten haben die Grundgedanken der Differenzial- und Integralrechnung sowie der Wahrscheinlichkeitsrechnung vorweggenommen. Sein Ruhm beruht auf seiner Korrespondenz mit anderen Mathematikern; er selbst hat sehr wenig veröffentlicht. Bei seinem Tod (1665) hinterließ er eine Menge Sätze, deren Beweise, wenn überhaupt, nur ihm bekannt waren. Den berüchtigtsten von ihnen kritzelte er als Randnotiz in sein eigenes Exemplar der *Arithmetica* von Diophant: «Es ist unmöglich, einen Kubus in zwei Kuben, eine vierte Potenz in zwei vierte Potenzen oder allgemein irgendeine höhere als die zweite Potenz in zwei von derselben Art zu zerlegen. Ich habe dafür einen wahrhaft wunderbaren Beweis entdeckt – der auf diesem Rand nicht Platz findet.» Es war dies der *große* oder *letzte Fermat'sche Satz*, wie er später genannt wurde.

Das war im Jahre 1637. Was wir heute über den großen Fermat'schen Satz wissen, erfordert Methoden, die im 17. Jahrhundert unmöglich zur Verfügung gestanden haben können. War nun Fermats Behauptung, er habe einen Beweis gefunden, eine Selbsttäuschung oder ein Riesenbluff? Oder hatte er tatsächlich etwas gesehen, was seitdem jedem entgangen ist? Irgendwie unfair ist es schon, nur zu behaupten, man habe einen wunderbaren Beweis, und dann zu sterben. Doch dessen ungeachtet hat die fast beiläufige Randbemerkung Fermats eine ungeheure mathematische Entwicklung in Gang gesetzt; sie sollte die Welt der Mathematiker über 350 Jahre lang in Atem halten.

Ausgangspunkt seiner Überlegungen waren die von Diophant behandelten pythagoreischen Tripel ganzer Zahlen, die die Seitenlängen eines rechtwinkligen Dreiecks bilden. Seit Urzeiten war bekannt, dass ein Dreieck, dessen Seiten drei, vier und fünf Einheiten lang sind, einen rechten Winkel besitzt. Unter Benutzung des Satzes von Pythagoras läuft das allgemeine Problem darauf hinaus, ganze Zahlen a, b und c zu finden, sodass $a^2 + b^2 = c^2$ ist – so wie es für die Zahlen 3, 4 und 5 gilt: $3^2 + 4^2 = 5^2$ oder $9 + 16 = 25$. Bereits eine altbabylonische Tafel, zwischen etwa 1900 und 1600 v. Chr. entstanden, zählt 15 solcher Tripel auf, die zweifellos durch Probieren gefunden wurden.

Während sich Fermat mit Diophants pythagoreischen Zahlentripeln befasste, muss er begonnen haben, über das analoge Problem hinsichtlich Kuben, vierten Potenzen und so fort nachzudenken, das heißt, über die *Fermat'sche Gleichung*

$$x^n + y^n = z^n \quad (x, y, z \text{ und } n \text{ ganz}, n \geq 3)$$

Wir wissen dies aufgrund der oben erwähnten Randnotiz, die behauptet, es gebe für $n > 2$ *keine* Lösungen in ganzen Zahlen. Es ist nicht schwer zu zeigen, dass es ausreicht, dies für $n = 4$ und für *jede* (ungerade) Primzahl n zu beweisen. Eine Skizze von Fermats Beweis für $n = 4$ ist überliefert. Leonhard Euler hat 1780 den Fall $n = 3$ gelöst. In den darauf folgenden 50 (ja, 50) Jahren gelang der Nachweis für die Zahlen 5, 7 und 13, und dabei blieb es dann vorerst.

Aus der Sicht der Berufsmathematiker gleicht die Geschichte der Fermat'schen Gleichung einem langen, immer abstrakter werdenden Krimi, der mehr und mehr Einsichten in die innere Einheit und Ordnung der diophantischen Gleichungen offenbarte. Unzählige Arbeiten zum Problem, vor allem aus der so genannten algebraischen Geometrie, ausgeführt von Mathematikern, die zu den berühmtesten ihrer Zunft zählten und doch der Öffentlichkeit weitgehend unbekannt geblieben sind, ließen die Spannung über ein Jahrhundert lang ansteigen, bis schließlich der 28-jährige Deutsche Gerd Faltings 1983 die (1922 aufgestellte) Mordell'sche Vermutung bewies, die in einem einzigen Spezialfall zur Folge hat, dass es für jedes n größer als zwei nur *endlich* viele Lösungen (wenn überhaupt welche) der Fermat'schen Gleichung gibt. Endlich viele können aber Milliarden von Lösungen für jedes n bedeuten, was ganz und gar nicht dasselbe ist wie gar keine – gemäß Fermats Behauptung. Auf dem Weg zu ihrem vollständigen Beweis klaffte also noch eine Lücke.

Die Odyssee einer Obsession

Mitte der 1980er Jahre machte sich der britische Mathematiker Andrew Wiles daran, die Lücke zu schließen. Seit seiner Kindheit war er von Fermats letztem Satz geradezu besessen gewesen. Mehr als sieben Jahre lang versenkte er sich in seinem Büro auf dem Dachboden in abstrakte Grübeleien, ohne der Fachwelt von seinen einsamen Aktivitäten zu berichten.

Dann, im Juni 1993, ist es so weit. Wiles, an der Universität von Princeton in den Vereinigten Staaten tätig, wählt seine englische Heimatstadt Cambridge für einen dreitägigen Auftritt vor einigen Experten seiner Zunft. Titel des Vortrags: «Modular Forms, Elliptic Curves and Galois Representations». Kein Hinweis auf Fermats Satz. Die Gäste können zu Beginn nur spekulieren. Erst am Ende des dritten Tages schlussfolgert Wiles, er habe gerade einen allgemeinen Fall der Vermutung von Taniyama bewiesen, und bemerkt schließlich fußnotenartig, dies bedeute wohl, dass Fermats letzter Satz richtig sei. Q.E.D. – was zu beweisen war. Das ist die Bombe. Kurze Stille, dann Applaus, Kameras, Fragen und wieder Jubel in dieser historischen Stunde. Wiles, 40 Jahre alt, ist mit einem Schlag berühmt. Wer eine jahrzehnte- oder jahrhundertealte Vermutung beweist, gleicht einem Astronauten, der als Erster einen fremden Himmelskörper betritt.

Die Geschichte geht jedoch weiter. In den darauf folgenden Wochen werden mehrere kleine Fehler gefunden, die Wiles sofort korrigieren kann. Dann aber, im Herbst 1993, weist ein Fachlektor darauf hin, dass eine Behauptung nicht begründet sei; mitten im Beweis muss eine bestimmte Abschätzung validiert werden. Die Rechnung scheint zwar intuitiv richtig, doch damit ist sie noch keineswegs bewiesen. Die Lücke in Wiles' Argumentation entpuppt sich als vertracktes Problem – schöne Pleite! Erfolg und Scheitern liegen oft nah beisammen. Wie viele haben zehn, 20 oder gar mehr Jahre ihres Lebens einer Beweisführung geopfert, die sich schließlich als Irrweg erwies!

Wiles kehrt in seine Dachkammer zurück und macht sich wieder an die Arbeit, unterstützt von Richard Taylor, einem seiner ehemaligen Studenten. Es geht um alles oder nichts. Angst und Spannung begleiten sie: Wird die Konstruktion halten oder zusammenbrechen wie die vorigen? Dieses «Alles oder nichts», das die unerbittlichen Anforderungen an einen Beweis illustriert, kann es so nur in der strengen Disziplin der Mathematik geben.

Ende 1994 ist die Gratwanderung schließlich geschafft, die Denklücke scheint behoben. Eine fast zehnjährige intensive Anstrengung mündet in einen über 200 Seiten füllenden Beweis. Darin vervollständigt Wiles eine Kette kühnster Ideen, die weit über den bewiesenen Satz hinausgehen und die innere Schönheit abstrakter Strukturen, abgeleitet aus den «gottgegebenen» natürlichen Zahlen 1, 2, 3 und so fort, offenbaren. Manche sehen dieses Werk als einen großen Schritt in Richtung einer *Grand Unified Theory of Mathematics* – einer grandiosen Universaltheorie, auf der alle Mathematik beruht.

Vierfarbenproblem und Kepler-Vermutung: Riesige Ordnungsübungen

Das Vierfarbenproblem: Anschaulich, aber knifflig

Das Vierfarbenproblem wurde berühmt und berüchtigt, weil es so anschaulich zu formulieren, aber so schwer zu beantworten war. Trotz seiner allgemeinen Bekanntheit liegt das Problem eigentlich nicht im Hauptstrom der Mathematik. Es ist mehr eine riesige Ordnungsübung. Seine Lösung verdient aber dennoch Interesse, weil sie neuartige Ideen eingebracht hat und vor allem ein neues Licht auf den Begriff des mathematischen Beweises wirft.[1]

Der Beweis, dass *mindestens* vier Farben notwendig sind, um eine beliebige Landkarte so einzufärben, dass Länder mit einer gemeinsamen Grenze verschiedene Farben erhalten sollen, gelingt sehr schnell – durch ein einfaches Beispiel, das mit drei Farben nicht auskommt. Es gelang auch leicht zu beweisen, dass es unmöglich ist, fünf Länder auf einer Karte so zu positionieren, dass jedes mit jedem der vier anderen eine gemeinsame Grenzlinie besitzt. Auf den ersten Blick könnte das als Beweis gelten, dass vier Farben stets ausreichend sind, doch ist dies keineswegs ein gültiger Schluss.[2] Denn die Anzahl der erforderlichen Farben muss *nicht* der höchsten Zahl der aneinander grenzenden Länder entsprechen.

Das Unterfangen, die Vierfarbenvermutung zu beweisen, war vor allem deshalb so überaus schwierig, weil sie *alle erdenklichen* Landkarten betrifft. Zu wissen, dass in Tausenden von konkreten Landkarten nie mehr als vier Farben benötigt wurden, nützt nicht das Ge-

---

1 Zur langen Geschichte dieses Problems, ab 1852, und zu einigen Beispielen und Gegenbeispielen dazu siehe mein Taschenbuch *Abenteuer Mathematik*.
2 Viele der zahlreichen falschen Beweise der Vierfarbenvermutung, die zwischen 1852 und 1976 (dem Jahr der Lösung des Problems) veröffentlicht wurden, beruhen auf genau diesem Fehlschluss.

ringste, da ja immer noch eine Karte gefunden werden konnte, die fünf Farben benötigte – wenn vielleicht auch erst in 5000 Jahren. Gefordert war vielmehr eine Beweisführung, die *alle* Fälle – nachvollziehbar – abdeckte. Dabei spielte die spezielle Gestalt der Länder keine Rolle, sondern nur ihre Lage im Raum. Insofern ist die Vierfarbenvermutung ein Problem der Topologie.

Zahlreiche Mathematiker – und noch viel mehr Amateure – untersuchten im Laufe der Zeit das Vierfarbenproblem. Es wäre jedoch falsch zu glauben, Mathematiker würden sich mehr als ein paar Monate oder Jahre lang ununterbrochen einem einzigen ungelösten Problem ausliefern (Ausnahmen bestätigen die Regel). Zumindest hartnäckige Forscher erschließen dabei oft neue Fiktionen, die sich dann in anderen Bereichen der Mathematik als nützlich erweisen. Beim Versuch, das Vierfarbenproblem zu lösen, wurden Methoden entwickelt, die fast eigenständige Gebiete innerhalb der Topologie begründeten, zum Beispiel die Theorie der Netzwerke oder die Graphentheorie. In der Tat konnte das Vierfarbenproblem für Landkarten auf ein Netzwerkproblem zurückgeführt werden, das etwas leichter zu handhaben war.

Die lange Geschichte des Versuchs, diesem Problem beizukommen, zieren große Mathematikernamen, von denen Sir William Hamilton vom Trinity College, Dublin, sowie der Amerikaner George Birkhoff als zwei der berühmtesten genannt seien. Und sie hat im ständigen Näherrücken an die Lösung des Problems zahlreiche Stufen des Fortschritts durchlaufen. Bereits 1890 bewies Percy John Heawood den so genannten Fünffarbensatz. Doch «vier Farben» sollten noch lange eine harte Nuss bleiben. 1922 wurde bewiesen, dass jede aus 25 oder weniger Ländern bestehende Landkarte mit vier Farben koloriert werden kann. Das ging scheibchenweise etwa ein halbes Jahrhundert so weiter: 1926 wurde der Beweis auf 27 Länder ausgeweitet, 1938 auf 31 und 1940 auf 35 Länder. Hier trat zunächst eine Pause ein, bis es 1970 gelang, die Vermutung für alle Landkarten mit weniger als 40 Ländern zu beweisen. Die Zahl erhöhte sich sogar auf 96, bevor der eigentliche und komplette Beweis all solche Teilergebnisse überflüssig machte.

Der Startschuss für computergestützte Beweise

Der Amerikaner Kenneth Appel und der aus Deutschland stammende Wolfgang Haken, zwei Mathematiker an der Universität von Illinois, verkündeten im Jahre 1976, dass sie die Vierfarbenvermutung restlos bewiesen hätten. Das war an sich schon eine Sensation, da es sich um eines der berühmtesten ungelösten Probleme der Mathematik handelte. Doch für viele Mathematiker war es auch eine dramatische Nachricht. Das Drama bestand in der Art und Weise, wie der Beweis erzielt worden war. Umfangreiche und wesentliche Teile der Beweisführung wurden nämlich von einem Computer ausgeführt. Was aber in den Augen der Kritiker noch schwerer wog: Die für das Programm maßgeblichen Überlegungen beruhten ihrerseits ebenfalls auf computergenerierten Daten. Und, um die Sache gänzlich unübersichtlich zu machen, beinhaltete das Programm die Möglichkeit, seinen eigenen Ablauf zu modifizieren. Ein wesentlicher Teil des Beweises entzieht sich also der unmittelbaren Überprüfung durch den Menschen.

Vier Jahre harter Arbeit und 1200 Stunden Rechenzeit hatten Appel und Haken in die Lösung investiert. Der erforderliche Rechenaufwand war so groß, dass kein Mathematiker je hoffen konnte, alle Schritte per Hand zu überprüfen. Damit hatte sich der Begriff des «mathematischen Beweises» von Grund auf gewandelt. Eine Befürchtung, die seit dem Aufkommen der ersten Elektronenrechner in den 1950er Jahren bestanden hatte, war schließlich Wirklichkeit geworden: Der Computer hatte den Mathematiker bei einem wesentlichen Teil der Konstruktion eines echten mathematischen Beweises abgelöst. Um den Beweis anzuerkennen, muss man jedoch *glauben*, dass das Computerprogramm genau die Rechnungen ausführt, die seine Schöpfer von ihm erwarten. Und viele Mathematiker wollen nicht einfach nur glauben, sie wollen, wie es die Tradition ihrer Disziplin verlangt, den Beweis nachvollziehen können, so wie auch Physiker oder Molekularbiologen die Experimente ihrer Fachkollegen im eigenen Labor reproduzieren.

Wann ist ein Beweis ein Beweis?

Bis weit in das 19. Jahrhundert hinein galten Theoreme als richtig, wenn sie anschaulich und einleuchtend waren. Das klingt gut, muss aber nicht so sein. Denn einerseits wurden immer mehr anschauliche und einleuchtende Aussagen entdeckt, die sich mathematisch als falsch erwiesen; und andererseits wurden immer mehr monströse Gedankengebilde korrekt konstruiert, von denen niemand eine bildliche Vorstellung hatte. Noch vor der Wende zum 20. Jahrhundert versuchten Mathematiker daher, an die Stelle der nur durch Anschaulichkeit fundierten Begriffe strengere zu setzen. Höhepunkt dieser Bemühungen war David Hilberts Programm.

In der Praxis setzte sich infolgedessen der so genannte Formalismus durch. Ein Beweis war eine logisch einwandfreie Kette von Argumenten, durch die ein Mathematiker andere von der Richtigkeit seiner Annahme überzeugen musste. Durch das Nachvollziehen des Beweises konnten sich die anderen Mathematiker davon überzeugen, dass die betreffende Aussage zutraf, und auch die Gründe dafür verstehen. Ein Beweis galt sogar nur deshalb als Beweis, weil er diese Gründe darlegte. Der Beweis des Vierfarbensatzes verlangte aber mehr als nur strengen gedanklichen Formalismus: Er erforderte Computerhilfe, ohne die der Beweis bis heute nicht möglich gewesen wäre.

Indessen prophezeit der amerikanische Mathematiker John Milnor, in zwei Generationen werde ein Beweis ohnehin nur noch gelten, wenn ein Computer ihn geprüft habe. Vielleicht wird dies auf eine Klasse von Problemen tatsächlich zutreffen. Wenn Milnor jedoch uneingeschränkt Recht behielte, so die Ansicht der Kritiker computergenerierter Beweise, wäre das aus heutiger Sicht doppelt unbefriedigend. Erstens könne niemand überprüfen, ob der Computer in Hunderten Stunden Rechenzeit auch das macht, was er soll. Und zweitens ginge die Ästhetik weitgehend verloren: Je knapper und origineller ein Beweis ausfällt, desto größer der ästhetische Genuss, während aufwendige Berechnungen, die gerade die Stärke von Elektronenrechnern sind, von den Mathematikern als langweilig empfunden werden.

Die Evolution der Ästhetik der Mathematik

Ich möchte eine Synthese versuchen und die beiden wesentlichen, sich gar nicht ausschließenden Möglichkeiten darlegen, die sich uns in Zukunft eröffnen werden. Einerseits gibt es eine begründete Hoffnung für den Erhalt des gewohnten ästhetischen Genusses, denn zweifellos ist es gerade für Mathematiker eine hochkarätige Herausforderung, Aussagen wie den Vierfarbensatz auch ohne Computer beweisen zu können. Etwa 20 Jahre nach Appels und Hakens ausuferndem Computerbeweis gelang es vier in den USA arbeitenden Mathematikern, den Satz auf elegantere Weise zu demonstrieren. Der neue Beweis, den der Brite Paul Seymour und seine Kollegen vorlegten, ist viel klarer und zumindest für die Spezialisten nachvollziehbar. Allerdings stützt auch er sich auf Computerhilfe. Zwölf Stunden braucht eine Workstation für die lästigen Detailrechnungen. Das ist aber nur ein winziger Bruchteil des Aufwands, den Appels und Hakens Computer leisten musste. Der Weg ist nun frei für einen noch kürzeren und vielleicht sogar ganz und gar computerfreien Beweis. Und die Kritiker können wieder optimistisch in die Zukunft blicken, in der Hoffnung, dass uns die klassische Ästhetik der Mathematik erhalten bleibt.

Nun zur zweiten Möglichkeit, für den Fall, dass Milnor Recht behalten sollte – zumindest für eine bestimmte Klasse von Problemen. Als Appel und Haken ihren Bericht zur Veröffentlichung in der Zeitschrift *Illinois Journal of Mathematics* einreichten, veranlassten die Herausgeber eine Überprüfung des mit Hilfe des Computers durchgeführten Teils des Beweises, indem sie auf einem anderen Computer ein unabhängig erzeugtes Programm laufen ließen.[3] Ist das aber nicht bereits eine – wenn auch für die Mathematik etwas ungewohnte – Art des Nachvollzugs? Schließlich können auch weitere skeptische Spezialisten die Beweisideen von Appel und Haken in eigene Programme fassen und bestätigen ... oder widerlegen. Um mit dem Beispiel des physikalischen oder biochemischen Experiments zu argumentieren: Wesentliche Aspekte bei diesen Experimenten kann der Mensch auch nicht unmittelbar beobachten, etwa wenn ein Elektronenmikroskop zum Nachweis irgendwelcher Phänomene eingesetzt werden muss. Fachkollegen können die Ideen nur mit dem gleichen Instrument nachvollziehen. Seit dem Beweis des Vierfarbensatzes hat eben auch der Mathematiker ein Instrument, das ihm etwas sichtbar macht, das er sonst nicht sehen würde. Was dem Naturforscher das Mikroskop oder das Fernrohr, ist nun dem Mathematiker der Computer – jedenfalls für bestimmte Probleme.

Und wegen der Ästhetik ist es schlicht zu voreilig, sich in Grübeleien zu verlieren – denn eine universelle Ästhetik des Geistes kann

---

[3] Das Problem besteht auch, wenn Mathematiker etwa die Kreiszahl π (Pi) mit Hilfe von Großrechnern auf Abermilliarden von Nachkommastellen berechnen. Um sicherzugehen, dass alle Dezimalstellen auch tatsächlich stimmen, müssen sie verifiziert werden; und das kann auch nur durch eine zweite Berechnung geschehen, die einen anderen Algorithmus verwendet. (Die sportliche Note, die eine solche Berechnung bekommt, sollte den tieferen Grund jedoch nicht in Vergessenheit geraten lassen, dass nämlich dabei häufig wertvolle Forschung auf dem Gebiet der Programmierung betrieben wird.)

sich wohl kaum auf den bloßen Nachvollzug verhältnismäßig kleiner Gedankenkreise mit Bleistift und Papier beschränken. Im Gegenteil, wir sollten zuversichtlich sein, dass sich die Ästhetik – beziehungsweise eine ihrer Formen – eines Tages auch in computergenerierten Beweisen offenbaren wird.

Erschöpfender Beweis der Obsthändler-Weisheit: Die Kepler-Vermutung

Was Obsthändler seit Jahrhunderten wissen, hat endlich auch die Mathematik bewiesen: Platzsparender als bei den kunstvoll aufgetürmten Orangenpyramiden auf dem Markt kann man Kugeln nicht aufeinander schichten. Dass diese Packung die dichteste sei, hatte der Mathematiker und Astronom Johannes Kepler, besser bekannt für seine Gesetze der Planetenbewegung, bereits um 1610 behauptet. Nur konnte er es nicht beweisen. Der Beweis stellte sich als derart vertrackt heraus, dass das Problem fast 400 Jahre offen blieb – länger sogar als die berühmte Fermat'sche Vermutung. Zwar behaupteten immer wieder Mathematiker, es geschafft zu haben, doch jedes Mal fanden kritische Kollegen Lücken in der Argumentation. Im Sommer 1998 meldete Tom Hales, Mathematiker an der Universität von Michigan in Ann Arbor, vorsichtig an, er habe möglicherweise einen Beweis – unter dem Vorbehalt der Nachprüfung durch die Fachkollegen.

In der Praxis ist der dichteste Aufbau ebenso einfach wie wirksam: An zwei nebeneinander liegende Apfelsinen legt man eine dritte so, dass sie die beiden anderen berührt. Die nächsten Früchte bekommen ebenfalls Kontakt zu jeweils zwei bereits daliegenden. Ist so die Tischfläche bedeckt, geht es an die zweite Schicht, die genauso aussieht wie die erste. Die Orangen rutschen dabei von selbst in die Lücken der unteren Lage; nur wer genau aufpasst, merkt, dass jede zweite dieser Lücken frei bleibt. So fügt sich Schicht auf Schicht. Bei der beschriebenen Anordnung beträgt der von den Kugeln ausgefüllte Anteil des Gesamtvolumens $\pi/\sqrt{18}$; das sind immerhin 74,048 Prozent.

Das leichtere, zweidimensionale Analogon des Kugelpackungsproblems lautet: Wie kann man gleichartige Kreisscheiben in der Ebene möglichst dicht zusammenpacken? Abbildung 19 zeigt die beiden naheliegendsten Möglichkeiten, Scheiben in der Ebene zu packen, nämlich die rechteckige und die hexagonale Anordnung.

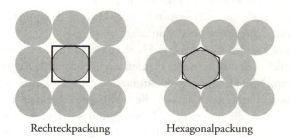

Rechteckpackung   Hexagonalpackung

Abb. 19: Zwei reguläre Packungen für Kreisscheiben in der Ebene: Rechteckpackung und Hexagonalpackung. Die Bezeichnungen rühren von den Figuren her, die von den gemeinsamen Tangenten sich berührender Kreise gebildet werden.

Theoretisch und im Dreidimensionalen ist die Sache jedoch vertrackt. «Dieses Gebiet der Mathematik ist berüchtigt für seine falschen Beweise», so Hales. Man neigt unwillkürlich dazu, die Kugeln in Gedanken zunächst auf eine Ebene zu legen; das ist jedoch keineswegs zwingend. Zudem gibt es unendlich viele variierbare Größen: die Kugelmittelpunkte. Wie soll man beweisen, dass in dieser astronomischen Anzahl von Möglichkeiten keine Anordnung existiert, die vielleicht doch eine größere Packungsdichte hat als die bekannte?

Ähnlich wie bei Fermats Satz galt es bei der Kepler'schen Vermutung, das Nichtvorhandensein von etwas zu beweisen – bei Fermat waren es ganzzahlige Lösungen gewisser Gleichungen, bei Kepler Kugelpackungen, die den Raum zu mehr als 74,048 Prozent ausfüllen. Schon das machte die Aufgabe schwierig. Überdies können in kleinen Gebieten die Kugeln sehr wohl dichter liegen: Setzt man auf drei Kugeln eine vierte obenauf, bilden ihre Mittelpunkte eine Pyramide, deren Grundfläche und Seiten gleichseitige Dreiecke sind. Die Kugeln füllen dieses reguläre Tetraeder zu knapp 78 Prozent aus. Eine Stapelung, die nur aus solchen Tetraeder-Anordnungen bestünde, wäre somit platzsparender als die Kepler'sche. Jedes Tetraeder aber zwingt Kugeln um sich herum in ungünstigere Positionen, was den lokalen Dichtevorteil wieder aufzehrt.

Um das zu beweisen, zeigte Hales zunächst, dass es genügt, statt unendlich vielen Kugeln nur Haufen aus höchstens 53 Kugeln zu betrachten. Mit Hilfe seines Doktoranden Sam Ferguson und eines Computers arbeitete er dann die 5000 verbleibenden Typen von Kugelhaufen ab: eine riesige Ordnungsübung, vergleichbar mit der Bewältigung aller Landkartentypen für den Beweis des Vierfarbensatzes.

Anders als Wiles, der still und heimlich auf seinem Dachboden über Fermats Vermutung brütete, stellte Tom Hales bereits vor fünf Jahren einen Plan ins Internet, der zum Beweis der Kepler'schen Vermutung hinführen sollte. «Ich habe das Programm angekündigt, weil ich andere dazu anstiften wollte, mir zu helfen», erzählt er. Zum Schluss habe er durchgehend an der Kepler-Vermutung gearbeitet, unterbrochen nur von kurzen Pausen zum Schlafen und Essen. Als der Beweis dann endlich erbracht und somit das Problem futsch war, sei er regelrecht in eine Leere gefallen. Und womit wird diese gefüllt? Natürlich mit der nächsten harten Nuss, dem Kelvin-Problem.[4]

---

4 Im 19. Jahrhundert fragte sich William Kelvin, wie man den Raum so in gleiche Volumina teilen könne, dass deren Oberflächen minimal seien. «Das Kelvin-Problem hat alle Merkmale eines guten Problems», findet Hales. «Es lässt sich

Stopp! Ist Hales' Beweis auch wirklich hieb- und stichfest?

Wie es sich für die Lösung eines fast 400 Jahre alten Problems gehört, publizierte eine der angesehensten Fachzeitschriften, die *Annals of Mathematics,* Hales' 250 Seiten starkes Manuskript. Doch an Keplers Vermutung hatten sich schon so viele kluge Köpfe die Zähne ausgebissen, dass die *Annals*-Herausgeber das Papier gleich zu zwölf Gutachtern schickten, statt die üblichen zwei oder drei Kollegen zu bemühen. Grund für Zweifel gab es allemal: Vor zehn Jahren hatte Wu-Yi Hsiang von der University of California bereits einen Beweis veröffentlicht, der sich als falsch herausgestellt hatte. Überdies blieb das Unbehagen, dass die 5000 Einzelfälle, in die das Problem zerlegt worden war, mit massivem Computereinsatz abgehandelt worden waren.[5]

Die zwölf Gutachter nahmen ihre Aufgabe mit Elan in Angriff, veranstalteten sogar Seminare, in denen der Beweis durchgeackert wurde – und gaben Anfang des Jahres 2003 erschöpft auf. Der Sprecher der Gruppe, der ungarische Mathematiker László Fejes Tóth – sein Vater Gábor Fejes Tóth hatte 1965 vorausgesagt, dass Keplers Vermutung eines Tages mit Hilfe von Computern bewiesen werde – erklärte, er sei zu 99 Prozent überzeugt.[6] Doch mit allerletzter Sicher-

---

leicht formulieren, hat eine reiche Geschichte – und ist so schwierig, dass ich wette, es dauert mehr als eine Generation, bis es gelöst ist.»
5 Bei Computerbeweisen ist die Qualitätskontrolle schwierig, denn was genau im Rechner geschieht, ist für Menschen nicht nachvollziehbar. Zudem benutzte Hales kommerzielle Programme, die gleich zwei Nachteile aufweisen. Erstens muss man untersuchen, ob die verwendete Software fehlerfrei funktioniert. Das ist indes unmöglich, da die Firmen den Quellcode ihrer Software geheim halten. Zweitens veralten die Programme schnell. Die Versionen, mit denen Hales rechnete, sind nicht mehr erhältlich und laufen teilweise auf modernen Rechnern nicht mehr.
6 Selbstverständlich genügen 99 Prozent Überzeugung nicht; denn selbst ein winziger, aber falscher unter Millionen von Schritten in einer langen Deduktionskette kann das gesamte Gebäude zum Einsturz bringen. (Nur was einmal zu

heit habe sein Team die Richtigkeit des Hales'schen Beweises nicht bestätigen können. Hales erhielt daraufhin eine niederschmetternde E-Mail von den Herausgebern der *Annals:* Die Gutachter «sind nicht in der Lage, die Richtigkeit des Beweises festzustellen, und werden auch in Zukunft dazu nicht in der Lage sein. Sie sind mit ihrer Energie am Ende.» Möglicherweise hätte Hales sein Manuskript überarbeiten und leichter lesbar machen sollen. Doch vielleicht war auch er nach den vielen Jahren dieses Problems überdrüssig und mit seiner Energie am Ende.

Trotzdem hat man nun beschlossen, die Arbeit zu veröffentlichen – allerdings «ohne Gewähr», mit dem Hinweis, das Manuskript habe nicht vollständig auf Korrektheit geprüft werden können. Hales wurmt das: «Es ist äußerst ungewöhnlich, dass sich Herausgeber derart von einer Arbeit distanzieren. Ich kenne keinen anderen Fall, in dem das passiert wäre.»

Ausweg: ein neuer, verständlicherer Beweis!

Glücklicherweise gab es bisher wenige Fälle, in denen wichtige mathematische Fragestellungen nur mit Computerhilfe zu lösen waren. Den berühmtesten, das Vierfarbenproblem, haben wir bereits erörtert. Wolfgang Haken und Kenneth Appel unterteilten das Problem in 1476 Fälle, die dann der Computer bewältigte. Ihre Arbeit wurde ohne eine Herausgebernotiz des Inhalts «ohne Gewähr» veröffentlicht. Doch war sie genauso wenig mit letzter Sicherheit auf Korrektheit zu prüfen wie Hales' Beweis.

---

100 Prozent als richtig erkannt wurde, geht für immer in das mathematische Denkgebäude ein und wird häufig Ausgangspunkt für weitere Verästelungen. Deshalb legt die Zunft großen Wert darauf, dass nur korrekte Beweise veröffentlicht werden. Mathematiker produzieren eben für die Ewigkeit.)

Mitte der 1990er Jahre wollten die Mathematiker Neil Robinson, Daniel P. Sanders, Paul Seymour und Robin Thomas den Beweis prüfen. Bald bemerkten sie, dass es einfacher war, die Vermutung neu zu beweisen, als Hakens und Appels Manuskript zu verstehen. Das Ergebnis war ein neuer Beweis des Vierfarbensatzes, der zwar auch auf den Computer zurückgreift, aber wesentlich leichter verständlich ist. «Wir haben weder überprüft, ob der Computer korrekt arbeitet, noch ob das Übersetzungsprogramm fehlerlos ist», räumen die Autoren ein. Da bei mehreren Durchläufen immer dasselbe Ergebnis herauskam, sei die Wahrscheinlichkeit, dass etwas nicht stimme, «unendlich kleiner» als die eines menschlichen Fehlers. Genau so eine Bestätigung steht dem Beweis der Kepler-Vermutung noch bevor.

Der Beweis der Catalan'schen Vermutung: Konzertierte Treibjagd

Im Jahre 1844 schrieb ein Belgier namens Eugène Charles Catalan,[7] damals 30-jähriger Repetitor (eine Art Einpauker als Oberassistent) an der renommierten Pariser École Polytechnique, einen Leserbrief an das *Crelle's Journal für die Reine und Angewandte Mathematik*, woraus das Blatt den folgenden Auszug publizierte:

Ich bitte Sie, Monsieur, in Ihrer Sammlung das folgende Theorem zu veröffentlichen, das ich für wahr halte, obgleich es mir noch nicht gelungen ist, es vollständig zu beweisen; andere werden vielleicht mehr Glück haben:
Mit der Ausnahme von 8 und 9, können zwei aufeinander folgende ganze Zahlen keine exakten Potenzen sein; anders ausgedrückt: Die Gleichung $x^m - y^n = 1$, in der die Unbekannten positive ganze Zahlen sind, hat nur eine einzige Lösung.

Andere hatten lange Zeit auch nicht mehr Glück. Die Catalan'sche Vermutung blieb volle 158 Jahre unbewiesen. Erst 2003 gelang es, sie endgültig zur Strecke zu bringen, nachdem sie durch die Arbeiten zahlreicher Mathematiker schon ziemlich in die Enge getrieben worden war. Den finalen Schuss setzte der aus Rumänien stammende Mathematiker Preda Mihailescu, der an der Universität Paderborn arbeitet.

Wer gerne mit natürlichen Zahlen und ihren Potenzen spielt, trifft häufig auf solche Fragen. Er wird auch schnell entdecken, dass $2^3 = 8$ und $3^2 = 9$ unmittelbar aufeinander folgen, und sich vielleicht fragen,

---

[7] Aufgrund seiner politisch linken Einstellung, die er nicht verhehlte, verlor Catalan 1852 seinen Pariser Posten und erhielt erst wieder 1865 eine Professur in Lüttich.

ob es noch weitere Paare von Potenzen im Abstand 1 gibt ($x^m - y^n = 1$). Echte Potenzen, wohlgemerkt, also mit $m \geq 2$ und $n \geq 2$; denn für $m = 1$ würde die Gleichung auf $x = y^n + 1$ hinauslaufen, was für alle y und n eine (triviale und uninteressante) Lösung x hat.

Man sucht also weitere Paare, zuerst im Kopf, dann vielleicht mit dem Computer, und findet keines. $5^2 = 25$ und $3^3 = 27$ haben den Abstand 2, $5^3 = 125$ und $2^7 = 128$ haben den Abstand 3, $11^2 = 121$ und $5^3 = 125$ haben den Abstand 4. Schreibt man ein kleines Programm, das alle reinen Potenzen bis zu einer Million auflistet, dann entdeckt man einerseits tendenziell zunehmende Abstände, andererseits aber immer wieder kleine Lücken. So ist $2^{15} - 181^2 = 7$ und $253^2 - 40^3 = 9$. Was ist aber schon eine Million? – natürlicher Zahlen, nicht US-Dollar ... Warum sollten nicht in der unendlich langen Folge der natürlichen Zahlen weit draußen zwei Potenzen aufeinander folgen? Rein zufällig.

Das statistische Argument führt also nicht weit; schließlich will man es bestimmt wissen und keine Wahrscheinlichkeitsrechnung betreiben – obgleich die Verteilung der kleinen Lücken aufeinander folgender Potenzen ähnlich zufällig aussieht wie die Verteilung der Primzahlen. Doch daraus kann man nur folgern – da weit draußen die Potenzen viel dünner gesät sind als die Primzahlen –, dass deswegen solche «Potenzzwillinge» noch viel unwahrscheinlicher sind als «Primzahlzwillinge»[8], aber eben nicht unmöglich, was die Catalan'sche Vermutung behauptet.

Genau dieser kleine Unterschied zwischen «fast unmöglich» und «ganz unmöglich» ist es, der ungeheuer viele Mühen gekostet hat. Und auch jetzt, nach dem Beweis der Vermutung, sucht man noch immer vergeblich nach der einen zündenden Idee, dem «genialen Dreh», der die Sache schlagartig erledigen würde. Denn der kom-

---

[8] Primzahlzwillinge haben einen Abstand von 2, wie etwa 5 und 7, 11 und 13 oder 17 und 19. Die Frage, ob es unendlich viele Primzahlzwillinge gibt, wird im Kapitel «Weitere ungelöste, allgemein verständliche Probleme» behandelt.

plette Beweis gleicht eher einem riesigen Teppich, zusammengesetzt aus abenteuerlichen Treibjagdszenen. Mihailescu selbst nennt drei verschiedene «Rotten», die das scheue Wild in die Enge trieben: die transzendente, die algebraische und die rechnerische. Jede Rotte besteht aus mehreren Mathematikern, die über die Jahrzehnte hinweg Wissen zum selben Problem anhäuften. Die weitere Reise geht über Transformationen, knifflige Abschätzungen aller Art und Approximationen irrationaler Zahlen durch rationale, über Primfaktorzerlegung im Komplexen, über «Ideale» (das sind so etwas wie Zahlengestrüppe mit Aufweichung der Primzahleigenschaft), bis man schließlich bei der Theorie der «Kreisteilungskörper» angelangt ist, wo Mihailescu Catalans Frage abschließend beantwortet hat. Spannender Krimi oder Horrortrip – je nachdem Interesse und Motivation bestehen oder nicht.[9]

---

9 Siehe die ausgezeichnete Darstellung von Christoph Pöppe *Der Beweis der Catalan'schen Vermutung.*

Weitere ungelöste, allgemein verständliche Probleme

Es ist keineswegs erstaunlich, dass es unzählige ungelöste Probleme gibt. Erstaunlich ist aber schon, dass viele davon scheinbar so einfach sind, dass sie fast jeder mühelos versteht. Berühmte Probleme, deren Unlösbarkeit bereits vor langer Zeit bewiesen wurde, wie etwa die Quadratur des Kreises, die Würfelverdopplung oder die Winkeldreiteilung, werde ich nicht erörtern.[1] Auch die Unterhaltungsmathematik[2] – ein eigenes, riesiges Gebiet, das viel Spaß machen kann – werde ich nicht streifen.

Beginnen wir mit ein paar Betrachtungen über Primzahlprobleme, von denen eine ganz besondere Faszination ausgeht. Skandalöserweise sind zahlreiche dieser Probleme noch immer nicht gelöst – obwohl sie scheinbar so einfach sind. Erschwerend kommt hinzu, dass seit 1931 Zweifel angebracht sind, ob sich gewisse zentrale Fragen im Zusammenhang mit Primzahlen überhaupt je beantworten lassen. Bis zu diesem Zeitpunkt herrschte der Glaube vor, jede Behauptung in einem wohl definierten mathematischen Rahmen könne grundsätzlich geprüft werden. Aber dann wies der österreichische Logiker Kurt Gödel nach, dass die Zahlentheorie eine prinzipiell unvollkommene Wissenschaft ist, da sie zu Aussagen führen kann, die mit ihren

---

[1] Zahlreiche autodidaktische Tüftler suchen hier noch unermüdlich nach «Lösungen» (siehe Dudleys amüsantes Buch Mathematik zwischen Wahn und Witz). Dieser Kategorie könnte man noch einige bereits bewiesene Sachverhalte zuordnen, wie etwa die Unabhängigkeit des Parallelenaxioms von Euklid oder das «Prinzip der Impotenz» – die Unmöglichkeit, im Klassischen Roulette zu gewinnen.
[2] Besonders über magische Quadrate ist in letzter Zeit einiges berichtet worden.

Mitteln weder bewiesen noch widerlegt werden können – Sätze, die den Namen *unentscheidbare Aussagen* erhielten. Solche Aussagen zu den Grundfesten, Postulaten oder Axiomen des Systems hinzuzunehmen hilft nichts, weil dann das erweiterte System wiederum unentscheidbare Aussagen liefert, die einem entgleiten. Darüber hinaus folgt aus Gödels Arbeit, dass wir in manchen Fällen noch nicht einmal wissen können, ob eine Aussage unentscheidbar ist oder nicht! Ein Abgrund hatte sich aufgetan, eine grundsätzliche Ungewissheit kehrte in die Mathematik ein, und die Fachwelt musste lernen, damit zu leben.

Vielleicht fallen einige der ungelösten Primzahlprobleme in ein solches Gödel'sches Loch – was wir möglicherweise wiederum prinzipiell gar nicht nachweisen können.

Die widerspenstige Natur der Primzahlen

Je weiter man auf der natürlichen Zahlenfolge zu immer größeren Zahlen voranschreitet, desto größere Lücken kommen vor, die keine Primzahl enthalten. Dennoch sind die Primzahlen nicht so dünn gesät, wie man aufgrund der beliebig größer werdenden primzahllosen Lücken[3] denken könnte. Ein Satz besagt nämlich, dass zwischen jeder natürlichen Zahl größer als eins und ihrem Doppelten eine Primzahl liegen muss.[4]

Zwischen aufeinander folgenden Quadraten natürlicher Zahlen, also zwischen n^2 und $(n+1)^2$ mit $n \geq 2$, soll sich ebenfalls stets mindestens eine Primzahl befinden. Doch das konnte noch niemand be-

---

[3] Für den Beweis siehe z. B. mein Taschenbuch *Die Top Ten der schönsten mathematischen Sätze*, S. 18.
[4] Es handelt sich um das «Bertrand'sche Postulat», für das im Laufe der Zeit mehrere Beweise angegeben wurden – von Pafnutij Tschebyscheff, Srinivasa Ramanujan und Paul Erdös.

weisen. Zieht man das Bertrand'sche Postulat heran, dann ist nur sicher, dass zwischen n^2 und $2n^2$ eine Primzahl liegt. $2n^2$ ist aber für $n \geq 3$ größer als $(n+1)^2$, wie man leicht nachprüft, sodass eine Primzahl nach Bertrand zwar vor $2n^2$ zu finden sein muss, aber nicht zwingend vor $(n+1)^2$.

Die Primzahlen zeigen ein merkwürdiges Verhalten und sind anscheinend zufällig unter den natürlichen Zahlen verstreut. Mal treten Häufungen auf, mal Verdünnungen. Keine bisher bekannte Regel vermag dieses Phänomen zu erklären. Don Zagier, einer der erfahrensten amerikanischen Zahlentheoretiker und Wissenschaftliches Mitglied am Max-Planck-Institut für Mathematik in Bonn, beurteilt den schizophrenen Charakter der Primzahlen wie folgt: Einerseits «gehören sie trotz ihrer einfachen Definition zu den willkürlichsten, widerspenstigsten Objekten, die der Mathematiker überhaupt studiert. Sie wachsen wie Unkraut unter den natürlichen Zahlen, scheinbar keinem anderen Gesetz als dem Zufall unterworfen, und kein Mensch kann voraussagen, wo wieder eine sprießen wird, noch einer Zahl ansehen, ob sie prim ist oder nicht.» Andererseits aber und ganz im Gegenteil dazu «zeigen die Primzahlen die ungeheuerste Regelmäßigkeit auf und sind durchaus Gesetzen unterworfen, denen sie mit fast peinlicher Genauigkeit gehorchen».

So gibt es zwar zahlreiche Abschätzungen, beispielsweise wie viele Primzahlen bis zu einer bestimmten Größe n vorkommen (dies ist der Inhalt des «Primzahlsatzes»[5]), doch benötigt man ganz besondere Netze, um sie konkret einzufangen. Hierfür erdachte Euklids Landsmann Eratosthenes von Cyrene um 250 v. Chr. eine Methode, die als «Sieb des Eratosthenes» in die Annalen der Mathematik eingegangen ist – ein simples, noch heute benutztes Verfahren. Es erzeugt eine Liste aller Primzahlen bis zu einer Größe n, indem zusammengesetzte Zahlen, das heißt Vielfache von Primzahlen (bis n), eliminiert werden. Dies ist, vor allem für sehr große n, ein langwieriges Verfahren.

---

5 Siehe den Abschnitt über die Riemann'sche Vermutung.

Da es aber keine zuverlässige Formel gibt, die Primzahlen und nur Primzahlen beliebiger Größe erzeugt, müssen die Zahlentheoretiker wohl das Sieb benutzen – mit mehr oder weniger Geschick.

Die Primzahlen haben also bisher allen Versuchen getrotzt, ihnen exakt berechenbare Plätze in der natürlichen Zahlenfolge zuzuordnen. Sie sind immer «dünner gesät», je weiter wir in der Folge der natürlichen Zahlen fortschreiten. Trotzdem scheinen zahlreiche nahe liegende Eigenschaften, oft in Gestalt von Vermutungen, darauf hinzudeuten, dass die Primzahlen geheimnisvollen Gesetzen unterworfen sind. Ein paar Beispiele berühmter Vermutungen sollen illustrieren, was damit gemeint ist.

Gibt es unendlich viele Primzahlzwillinge?

Primzahlen treten immer wieder in Form von Paaren aufeinander folgender ungerader Zahlen auf: 3 und 5; 5 und 7; 11 und 13; 17 und 19; 29 und 31; 41 und 43; aber auch 209267 und 209269 und so weiter. Statistische Argumente sprechen dafür, dass es unendlich viele derartige *Primzahlzwillinge* gibt. Jedenfalls sind Primzahlzwillinge in höchsten Regionen des Zahlensystems entdeckt worden. Stets wird nach möglichst großen Zwillingen gefahndet, und alle paar Jahre werden hier neue Rekorde aufgestellt. Doch niemand weiß, ob es ein größtes solches Paar gibt oder ob ihre Anzahl unendlich ist.

Kurioserweise lässt sich dennoch eine genaue quantitative Aussage über alle Primzahlzwillinge machen, sofern es unendlich viele davon gibt. Während (wie wir bereits wissen) die Reihe der Kehrwerte aller Primzahlen divergiert,

$$\sum_{p\,\text{prim}} \frac{1}{p} = \infty,$$

ist nämlich die Reihe der Kehrwerte sämtlicher Primzahlzwillinge *konvergent*,

$$\sum_{\substack{p\,\text{prim}\\p+2\,\text{prim}}} \left(\frac{1}{p} + \frac{1}{p+2}\right) < \infty,$$

und ihr genauer Wert ist sogar bekannt! Das ist ungefähr so, als wisse jemand, der nicht weiß, wie viel Geld er besitzt, dennoch auf den Cent genau, was er alles damit kaufen kann. Dieser bizarre Sachverhalt wird nach seinem Entdecker Viggo Brun, einem norwegischen Mathematiker, der «Brun'sche Witz» genannt (1919).

Die Goldbach'sche Vermutung

Berühmt und leicht verständlich, aber ungeheuer widerspenstig ist auch die Goldbach'sche Vermutung.[6] Sie besagt, dass jede gerade Zahl als Summe zweier Primzahlen dargestellt werden kann. Seit mehreren hundert Jahren zerbrechen sich nun die Primzahltheoretiker den Kopf über diese Vermutung. Halten wir uns die einfachen Gegebenheiten vor Augen: Einerseits ist jede zweite Zahl gerade, andererseits wird der durchschnittliche Abstand zwischen zwei benachbarten Primzahlen immer größer – und trotzdem soll jede zweite Zahl Summe von nur zwei Primzahlen sein.

Die eben formulierte Behauptung heißt «starke Goldbach'sche Vermutung». Es gibt aber auch die «schwache Goldbach'sche Vermutung», der zufolge sich jede ungerade Zahl größer als 7 als Summe dreier (nicht notwendig verschiedener) ungerader Primzahlen darstellen lässt. Der sowjetische Zahlentheoretiker I. M. Winogradow konnte zwar im Jahre 1937 zeigen, dass jede «genügend große» ungerade natürliche Zahl die Summe von drei Primzahlen ist; er konnte aber nicht genau angeben, wie groß «genügend groß» sein soll. Erst

---

[6] Der deutsche Mathematiker Christian Goldbach formulierte die Vermutung 1742 in einem Brief an Leonhard Euler.

1956 gelang es einem seiner Studenten, K. W. Borodzin, eine konkrete Schranke zu schätzen. Sie ist jedoch so gigantisch, dass selbst modernste Rechenanlagen nicht ausreichen, um die verbleibenden endlich vielen Fälle nachzuprüfen. (Sogar die meisten «kleinen» Mammutzahlen mit 100 Stellen liegen für Computerprüfungen wegen des erforderlichen Zeitaufwands jenseits des Erreichbaren.) Da es aber nur endlich viele Ausnahmen geben kann, wird die schwache Vermutung somit als «im Wesentlichen» bewiesen angesehen.

Die starke Version ist wesentlich hartnäckiger. Der chinesische Mathematiker J. R. Chen konnte 1966 zeigen, dass alle hinreichend großen natürlichen Zahlen als Summe einer Primzahl und einer weiteren Zahl darstellbar sind, wobei diese zweite Zahl entweder selbst eine Primzahl oder aber Summe zweier Primzahlen ist. Die Einkreisung schreitet voran.

So leicht auch zahlreiche Vermutungen zu verstehen sind, so schwierig können sich Beweise gestalten. Exemplarisch sind da das Vierfarben-Problem, der letzte Fermat'sche Satz und die Vermutungen von Kepler und Catalan. Mathematische Beweise vermitteln oft den Eindruck, dass sie eine Ansammlung von Rätseln und Tricks sind: Mathematik ist im Bewusstsein vieler Menschen schwer nachvollziehbare Gedankenakrobatik. Doch ganz so schlimm ist es nicht: Mathematiker kochen auch nur mit Wasser. Auch sie haben keine fertigen Rezepte, um neue Aussagen zu beweisen, und benötigen eine gewisse Erfahrung, vergleichbar der eines Schachspielers. Die «Eröffnungsmöglichkeiten» für einen Beweis sind allerdings oft vielfältiger als beim Schachspiel, und so ist es auch nicht verwunderlich, dass sich zahlreiche einfach zu verstehende Aussagen bis heute einer Beweisführung (beziehungsweise einer Widerlegung) widersetzt haben.

Neben Primzahlproblemen gehören auch Probleme über natürliche Zahlenfolgen zu den leicht verständlichen, aber widerspenstigen – zum Beispiel das folgende.

Das Collatz'sche Problem: Beleidigend einfach

Vor etwa 30 Jahren waren die Lehrbücher des deutschen Mathematikers Lothar Collatz (1910 bis 1990) vielen Studenten vertraut. Bereits als er selbst noch studierte, hatte sich Collatz ein Problem gestellt, das bis heute nicht gelöst werden konnte.[7] Dabei scheint es geradezu beleidigend einfach zu sein – es geht um Folgen natürlicher Zahlen: Für das erste Glied a_0 unserer Folge nehmen wir eine beliebige natürliche Zahl. Ist diese Zahl gerade, dann soll das nächste Glied, a_1, die Hälfte von a_0 betragen:

$a_1 = a_0/2.$

Ist a_0 dagegen ungerade (und würde deshalb nach Halbierung keine natürliche Zahl ergeben), dann soll das nächste Glied a_1 wie folgt gebildet werden:

$a_1 = 3a_0 + 1.$

Alle nachfolgenden Glieder ($a_2, a_3, a_4, \ldots$) werden ebenfalls nach dieser Regel gebildet. Ein Beispiel: Nehmen wir als Anfangsglied a_0 die Zahl 50. Da 50 gerade ist, lautet das nächste Glied $a_1 = 50/2 = 25$. Dieses Glied ist ungerade, folglich ist das dritte Glied $a_2 = 76$. Diese Zahl lässt sich wieder halbieren, und wir erhalten als viertes Glied $a_3 = 38$. Das nächste Glied a_4 ist gleich 19, a_5 gleich 58 (das heißt, wir müssen $3 \times 19 + 1$ bilden, da 19 ungerade ist) und so weiter. Immer, wenn ein Folgenglied gerade ist und daher durch 2 geteilt werden kann, ist das nächste Folgenglied kleiner, und immer, wenn ein Folgenglied ungerade ist, wird das nachfolgende größer sein.

---

[7] Im Laufe der Zeit hat das Problem viele weitere Bezeichnungen erhalten, die es als Problem, Algorithmus oder Vermutung in Zusammenhang mit Namen wie Hasse, Kakutani, Syracuse, Thwaites oder Ulam bringen.

Schnell wird klar, dass man nach einigem Auf und Ab auf die Zahl 1 trifft – und dass man sich von da an ewig in der Schleife 1, 4, 2, 1 dreht, wie wir gleich an einigen Beispielen sehen werden. Dieses Collatz'sche oder $(3n + 1)$-Problem wirft die Frage auf, ob man *immer*, also unabhängig von der natürlichen Zahl a_0, von der man ausgeht, irgendwann auf die Zahl 1 stößt. In der Tabelle 3 sind einige Beispiele durchgerechnet, wobei für a_0 der Reihe nach die ersten zehn natürlichen Zahlen genommen werden.

Die ersten Folgen $a_0, a_1, a_2, a_3, \ldots$
1 (4, 2, 1)
2, 1
3, 10, 5, 16, 8, 4, 2, 1
4, 2, 1
5, 16, 8, 4, 2, 1
6, 3, 10, 5, 16, 8, 4, 2, 1
7, 22, 11, 34, 17, 52, 26, 13, 40, 20, 10, 5, 16, 8, 4, 2, 1
8, 4, 2, 1
9, 28, 14, 7, 22, 11, 34, 17, 52, 26, 13, 40, 20, 10, 5, 16, 8, 4, 2, 1
10, 5, 16, 8, 4, 2, 1

Tab. 3: Folgen des Collatz'schen Problems für die ersten zehn natürlichen Zahlen, wobei die Folge abbricht, wenn man beim Folgeglied 1 angekommen ist (da man von 1 ausgehend die Schleife 1, 4, 2, 1 … nicht mehr verlässt).

Bis heute ist die Behauptung, die Folge führe immer zu 1, nicht bewiesen und daher nur eine Vermutung. Dabei wurden Hunderte von Milliarden Zahlen mit dem Computer getestet. Ein mögliches Gegenbeispiel, das die Vermutung widerlegen würde, kann es nur oberhalb dieser gigantischen Prüfstrecke geben und wird bestimmt nicht einfach zu finden sein. Es gibt bis heute keine durchschlagende theoretische Einsicht, mit der sich die Vermutung beweisen oder widerlegen ließe. Mit elementaren Mitteln gelangt man rasch zu Fragen und Vermutungen ohne Ende. Jeder kann versuchen, dieses leicht verständliche, offene Problem zu lösen. Aber Vorsicht – man kann sich sehr schnell darin verstricken und verbeißen!

Gibt man in die Internet-Suchmaschine Google den Begriff «collatz problem» ein, so werden sofort Tausende von Eintragungen aufgelistet.

Ein paar Beispiele zum Klassifikationsproblem

Was Mathematiker sich auch immer ausdenken: Zuerst interessiert die grundlegende Frage nach der (logischen) *Existenz*, ob es also das Gedachte tatsächlich gibt und ob es ohne Widersprüche zu erzeugen ist. Dann kommt die Frage nach der *Eindeutigkeit*. Eindeutige Objekte und Elemente sind stets Angelpunkte bei der Untersuchung des gesamten Spektrums von Eigenschaften der gedachten Objekte. Für spezielle Objektkategorien kann die mathematische Erforschung Jahrhunderte dauern. Eines der wichtigsten Langzeitziele ist dabei die Lösung des *Klassifikationsproblems*: Welche unterschiedlichen Klassen eines definierten Objekts gibt es? Erst die weitgehende oder gar vollständige Kategorisierung ermöglicht eine befriedigende Übersicht.

Die Lösung des Klassifikationsproblems für die Gruppen war äußerst zäh und langwierig; es wurde endgültig 1980 gelöst: Seitdem weiß man, dass sich die einfachen Gruppen aus jenen Gruppen zusammensetzen, die die 18 regulären unendlichen Familien von Gruppen bilden, sowie aus 26 sporadischen Gruppen. Es gibt keine weiteren einfachen Gruppen! Ausgehend vom Gruppenbegriff, der nur durch ein paar einfache Eigenschaften festgelegt wird,[8] ist dies das Ergebnis, welches in 500 Artikeln von mehr als 150 Autoren auf etwa

---

[8] Für den Ursprung (Évariste Galois) und die Definition des Gruppenbegriffs siehe zum Beispiel mein Taschenbuch *Abenteuer Mathematik*.

15000 (ja, fünfzehntausend) Seiten in mathematischen Fachzeitschriften bewiesen wurde.

Im Abschnitt über die Poincaré-Vermutung ist uns der russische Mathematiker Grigori Perelman begegnet, der vielleicht dieses schwierige topologische Problem gelöst hat. Doch dem Russen ging es eigentlich um die umfangreichere «Geometrisierungs-Vermutung», also das Ziel der kompletten Klassifizierung dreidimensionaler Mannigfaltigkeiten. Der Beweis dieser Vermutung hätte den Beweis der Poincaré-Vermutung zur Folge.

Die Mathematik der Zöpfe und Knoten liefert ein weiteres Beispiel. (Die intuitive Definition genügt hier; die Abbildung 20 veranschaulicht die Begriffe «Zöpfe» und «Schließung von Zöpfen zu Knoten und Verschlingungen»[9].) Einerseits lassen sich die Zöpfe klassifizieren[10] (nach einem Satz des deutschen Mathematikers Emil Artin), andererseits ist jeder Knoten die Schließung eines Zopfes (nach einem Satz des amerikanischen Mathematikers James W. Alexander). Trotzdem lassen sich die Knoten nicht mit Hilfe der Zöpfe klassifizieren! Die Klassifikation der Knoten ist ein noch ungelöstes Problem.

Dabei sind Knoten durchaus nicht als isolierte topologische Objekte zu betrachten. Sie spielen seit einiger Zeit eine wichtige Rolle bei physikalischen Vorstellungen der Materie und des Universums. Bereits 1867 schlug Lord Kelvin eine Atomtheorie vor, nach der Atome Knoten im Äther sein sollten. Es gab vernünftige Gründe für diese «Wirbeltheorie der Atome». Sie ermöglichte viele verschiedene

---

9 Aus Alexei Sossinsky *Mathematik der Knoten: Wie eine Theorie entsteht* (Seite 41).
10 Die Zöpfe besitzen zudem eine Gruppenstruktur. [Für Leser, die mit der Gruppendefinition vertraut sind: In der Menge der Zöpfe gibt es eine algebraische Verknüpfung, das «Zopf-Produkt», das je zwei Zöpfen einen Zopf als Produkt zuordnet, wobei die folgenden Eigenschaften gelten: (1) das Zopf-Produkt ist assoziativ; (2) es gibt ein neutrales Element – den «trivialen Zopf»; und (3) zu jedem Zopf gibt es einen dazu inversen Zopf (bezüglich des Zopf-Produktes).]

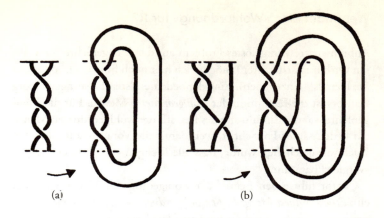

Abb. 20: Ausgehend von einem Zopf, kann man einen Knoten bzw. eine Verschlingung durch die Operation der *Schließung* erhalten, die darin besteht, die oberen Enden der Stränge mit den unteren Enden zu verbinden.
Im Fall (a) erhalten wir einen Knoten (der definitionsgemäß nur einen Strang besitzt), im Fall (b) eine Verschlingung mit zwei Komponenten.

Atomarten, geboren aus der Vielfalt von Knoten, die man in jener Zeit gerade zu klassifizieren begonnen hatte. Sie lieferte auch eine Erklärung für die Stabilität der Atome und für die atomaren Schwingungsvorgänge, die sich in den Spektrallinien zeigen. Aber trotz ihrer mathematischen Eleganz erging es der Wirbeltheorie von Kelvin nicht anders als der antiken Atomtheorie Platons. Sie wurde schließlich von Niels Bohrs Modell verdrängt, nach dem Atome mehr oder weniger wie winzige Sonnensysteme aufzufassen sind.

Mittlerweile wurde auch Bohrs Theorie als zu naiv aufgegeben, und die Knotentheorie kommt wieder zu Ehren. Manche Physiker (wie zum Beispiel Edward Witten) meinen nun, die Materie bestehe aus «Superstrings», winzigen verknoteten Schleifen innerhalb der Raumzeit, deren Eigenschaften eng mit dem Grad ihrer Verknotung verknüpft ist.

Wer findet eine «Wohlordnung» für **R**?

Auf ein «hartes» ungelöstes Problem aus der Mengenlehre (samt ihren Ordnungsstrukturen) möchte ich hier noch hinweisen (ohne auf die Details[11] einzugehen). Eine der bedeutendsten Leistungen Georg Cantors ist die Definition der *wohlgeordneten* Menge. Für die Mengenlehre war die Einführung des Begriffs der wohlgeordneten Menge ein bedeutsamer Fortschritt, weil damit die Voraussetzung für den Nachweis geschaffen wurde, dass alle Mengen – auch unendliche – «vergleichbar» sind.

Cantor führte den Begriff der wohlgeordneten Menge wie folgt ein: *Eine geordnete Menge heißt wohlgeordnet, wenn jede nichtleere Teilmenge ein (bezüglich der Ordnungsstruktur) erstes Element hat.*

Offenbar sind alle endlichen Mengen wohlgeordnet – und zwar in jeder möglichen Ordnung. Aber auch die Menge der natürlichen Zahlen besitzt diese Eigenschaft. Wie man auch eine (nichtleere) Teilmenge von **N** definiert: Stets hat sie ein kleinstes Element. Dagegen sind die Menge der ganzen Zahlen **Z** und auch die der rationalen Zahlen oder Brüche **Q** *nicht* wohlgeordnet, *wenn diese Trägermengen mit der üblichen Ordnungsstruktur ≤ («kleiner oder gleich») versehen werden.* (Es gibt ja in der Menge der negativen Zahlen – als Teilmenge von **Z** – kein kleinstes Element. Das Gleiche gilt zum Beispiel für die Menge

$$\{x \mid x \in \mathbf{Q}, 0 < x < 1\}$$

als Teilmenge von **Q**; offenbar gibt es zu jeder positiven rationalen Zahl q noch eine kleinere, etwa $q/2$.)

Dann aber gelang es Cantor, alle rationalen Zahlen mit Hilfe seines allgemein bekannten, berühmten Abzählschemas durchzunummerieren:

---

11 Für Details siehe zum Beispiel mein Taschenbuch *Die Architektur der Mathematik*.

$f_c: \mathbf{N} \to \mathbf{Q}$.

Damit wird auch die Ordnung der natürlichen Zahlen auf **Q** induziert:

$f_c: (\mathbf{N}, <) \to (\mathbf{Q}, \triangleleft)$

Wir versehen die Trägermenge **Q** mit der induzierten Ordnungsstruktur wie folgt:

$f_c(m) = q_m \triangleleft q_n = f_c(n)$ genau dann, wenn $m < n$ ist.

Die damit erhaltene geordnete Menge $(\mathbf{Q}, \triangleleft)$ ist nun bezüglich der induzierten Ordnungsstruktur $\triangleleft$ wohlgeordnet. Hier hat jede nichtleere Teilmenge tatsächlich ein erstes Element, wie es das Kriterium für die natürlichen Zahlen ist. (Die rationalen Zahlen lassen sich auch noch auf andere Weise wohlordnen, wenn man will.) Außerdem hat in einer wohlgeordneten Menge jedes Element *einen unmittelbaren Nachfolger*, jedoch nicht jedes Element hat auch einen (unmittelbaren) Vorgänger.

Nun lässt sich leicht zeigen, wir zwei beliebige wohl geordnete Mengen verglichen werden können: Man bildet die eine auf einen *Abschnitt* der anderen «bijektiv», das heißt umkehrbar eindeutig, ab – sogar unter Erhaltung der Ordnung. (Dabei versteht man unter dem «Abschnitt» $A(a)$ einer Menge M die Teilmenge $A(a) \subseteq M$, zu der alle jene Elemente x aus M gehören, die vor a stehen, für die also $x \triangleleft a$ gilt.) Der berühmte Wohlordnungssatz lautet nun: *Jede Menge lässt sich wohlordnen.* Leider gibt dieser Satz kein Konstruktionsverfahren an. Die versprochene Wohlordnung für eine beliebige Menge M hat nichts mit irgendeiner auf M schon gegebenen Struktur zu tun.

Die Wohlordnung der Menge der reellen Zahlen ist ein noch völlig ungelöstes Problem, weil bis heute kein Verfahren bekannt ist, nach dem eine Wohlordnung für **R** *effektiv konstruiert* werden könnte.

Ob einem ein Problem, zumal ein ungelöstes, zusagt oder nicht, ist nicht bloß eine Frage des Vorwissens, sondern vor allem auch eine des Geschmacks. Mehr zu den Auswahlmöglichkeiten im folgenden Abschnitt.

Mathe und ungelöste Probleme im Internet

Im Zeitalter des Internets wäre es ja gelacht, wenn wir nicht zu allen möglichen Problemen – auch der Unterhaltungsmathematik – problemlosen und schnellen Zugang hätten. Eine Suchmaschine wie Google liefert Ihnen in Sekundenbruchteilen alle gefundenen Einträge zu einem Suchbegriff. Wählen Sie einen zu allgemeinen Suchbegriff, wie etwa «mathematik», dann wird Ihnen Google Millionen von Ergebnissen auflisten (bei «math» ca. 24 Millionen); hier sollten Sie die Suche durch spezielle Begriffe einschränken. Tabelle 4 enthält ein paar Beispiele.

Gezielter können Sie spezielle Verzeichnisse aufrufen, zum Beispiel directory.google.com, das Ihnen eine hilfreiche Hierarchie bietet (Google Directory – Science > Math > Number Theory > Open Problems ... –). Sehr bald werden Sie auch auf die speziellen Mathematikseiten der Universitäten und internationalen Institute stoßen, wie etwa www.claymath.org oder mathworld.wolfram.com, und haben dann die Qual der Wahl.

Suchbegriff	Anzahl Ergebnisse (ca.)
ungelöste probleme	20 000
unsolved problems	240 000
problèmes non résolus	68 000
natürliche zahlen	149 000
collatz problem	6 600
primzahlen	30 000
prime numbers	3 250 000
nombres premiers	113 000
primzahlzwillinge	720
prime twins	167 000
nombres premiers jumeaux	1 650
prime conjecture[12]	98 000
goldbach conjecture	9 500
riemann conjecture	37 500
poincaré	16 500
swinnerton dyer	4 400
hodge conjecture	14 000
P NP	3 430 000
navier stokes	130 000
yang mills	340 000
kepler conjecture	9 500
catalan conjecture	5 800
magische quadrate	4 600

Tab. 4: In die Internet-Suchmaschine Google eingegebene Suchbegriffe und ungefähre Anzahl der Ergebnisse. Bei Eingaben in verschiedenen Sprachen sehen wir, dass die englischsprachigen Begriffe wesentlich ergiebiger sind als die deutschen.

---

12 *conjecture* (engl. u. frz., Vermutung)

Das Buch der Natur ist in der Sprache der Mathematik geschrieben.
Galileo Galilei

Ich glaube nicht an die Mathematik.
Albert Einstein

Ist die Welt wirklich mathematisch?

Quatsch! Wer die Mathematik hat, versteht noch lange nicht die Welt. So sind vermutlich viele geneigt, diese Frage abzutun. Und sie liegen damit gar nicht so falsch. Wer jedoch meint, Mathematik und Naturwissenschaften seien entbehrlich – und sei es auch «nur» aus kultureller Sicht –, der frohlockt zu früh. Zum seelisch-geistigen Ausgleich empfehle ich diesen Einäugigen, in Ernst Peter Fischers Buch *Die andere Bildung* zu blättern. Doch nähern wir uns der Frage pragmatisch, ohne voreilige Festlegung – und scheuen wir uns nicht, auch quer zu denken.

Das obige Zitat von Galileo Galilei (italienischer Astronom und Physiker, der erste Mensch, der mit einem Teleskop den Himmel beobachtete) ist die geläufige Kurzform des folgenden Zitats aus seinem Werk *Die Goldwaage* von 1623:

Die Philosophie steht in jenem großen Buch geschrieben, das uns ständig offen vor Augen liegt (ich spreche vom Universum). Aber dieses Buch ist nicht zu verstehen, ehe man nicht gelernt hat, die Sprache zu verstehen, und die Buchstaben kennt, in denen es geschrieben ist. Es ist in der Sprache der Mathematik geschrieben, und die Buchstaben sind Dreiecke, Kreise und andere geometrische Figuren. Ohne diese Mittel ist es dem Menschen unmöglich, ein einziges Wort davon zu verstehen; ohne sie ist es ein vergebliches Umherirren in einem dunklen Labyrinth.

Die Dreiecke, Kreise und anderen geometrischen Figuren, aus denen sich die Wörter zur Beschreibung des Universums zusammensetzen, sind natürlich symbolisch gemeint, stellvertretend für die mathematischen Methoden, die auch heute zum Einsatz kommen. Aber erstens kann das nur eine rudimentäre Annäherung an die Realität sein, und zweitens ist eben nicht alles Physik und Astronomie; also sind wir gut beraten, die Kirche im Dorf zu lassen.

Das Einstein-Zitat (gefunden im Buch *Faszination Mathematik* von Guido Walz) scheint auf den ersten Blick die Aussage Galileis zu negieren. Das ist erstaunlich, zumal Einsteins Arbeiten ohne Mathematik kaum zu verstehen sind (er selbst war kein mathematischer Geist – was aber seine überragenden Leistungen und seinen Ruf als größter Physiker des 20. Jahrhunderts nicht tangiert)[1]. Doch Einstein stellt hier nur den Platonismus[2] in Abrede. Das wiederum sollte uns nicht überraschen, denn er machte nie einen Hehl daraus, dass er von

---

1 2005 jährt sich zum 100. Mal sein *Annus mirabilis*. 1905 verfasste der Berner Patentangestellte gleich fünf wissenschaftliche Arbeiten, die das Weltbild der Physik revolutionierten – er erklärte die Natur des Lichts, entwarf die Relativitätstheorie und formulierte die wohl berühmteste Formel der Wissenschaft, $E = mc^2$. (Siehe John Stachel: *Einsteins Annus mirabilis: Fünf Schriften, die die Welt der Physik revolutionierten.*)

2 Für Platon sind die Erkenntnisse der Mathematik Einblicke in das Reich der Ideen. Nach dem berühmten Höhlengleichnis verhalten sich diese für Platon sehr realen Ideen zu ihren Bildern wie die wirklichen Gegenstände zu ihren Schattenbildern in der Höhle. Nach dem platonischen Ideal ist die Welt die Reflexion einer perfekten mathematischen Form. Die Kraft dieses Traumes lässt sich nicht leugnen, wie man etwa an den Kepler'schen Gesetzen der Planetenbewegungen oder den Einstein'schen Gleichungen der Gravitation erkennen kann. Doch für manche Naturwissenschaftler ist das schlicht mathematischer Mystizismus – reiner Glaube oder Religion. Der theoretische Physiker und Kosmologe Lee Smolin: «Natürlich gibt es überhaupt keinen Grund, warum die Natur auf ihrer fundamentalen Ebene irgendetwas mit Mathematik zu tun haben sollte. [...] Doch abgesehen von dem offensichtlichen Erfolg der Mathematik in der Physik habe ich noch nie ein gutes A-priori-Argument gehört, warum die Welt nach mathematischen Prinzipien geordnet sein sollte.» (*Warum gibt es die Welt? Die Evolution des Kosmos*, S. 214)

eigenständigen mathematischen Entitäten nicht viel hielt. Als David Hilbert mit dem niederländischen Mathematiker Luitzen Brouwer (dem Begründer der *intuitionistischen* bzw. *konstruktiven* Mathematik) über Georg Cantors Unendlichkeitsbeweise[3] in eine besonders heftige Auseinandersetzung geriet, wurde von beiden Seiten versucht, prominente Fürsprecher für ihre konträren Positionen zu gewinnen. Auch Albert Einstein war davon betroffen; doch der wollte sich in diesen «Krieg zwischen Mäusen und Fröschen», wie er den Konflikt bezeichnete, nicht hineinziehen lassen.

Gibt es einen Mathematiker-Gott?

Unzählige Naturwissenschaftler haben sich schon gefragt, warum die «Wirklichkeit» so mathematisch zu sein scheint. Darin sehen sie ein unerklärliches Wunder. Der britische Astronom James Jeans schloss daraus, wir und die Natur seien der Traum eines Mathematiker-Gottes. Der britische Physiker Roger Penrose sieht in der Unerschöpflichkeit des Mandelbrot'schen Apfelmännchens gar einen Hinweis auf die platonische Existenz mathematischer Entitäten in einer eigenen Seinssphäre, wo sie von Mathematikern entdeckt und nicht erfunden werden. Auch Gottlob Frege war Platoniker und machte sich lustig über die Versuche, die natürlichen Zahlen lediglich als Abstraktionen der alltäglichen Erfahrung mit Äpfeln und Birnen herzuleiten.[4]

Verschärft – sagen einige Naturwissenschaftler – wird die Frage durch die Quantenphysik aufgeworfen, in der Zustandsfunktionen

---

[3] Siehe mein Taschenbuch *Abenteuer Mathematik*.
[4] Ob da ein Professor sich selbst und seinen mathematischen Fundamentalismus nicht zu ernst genommen hat? Frege hätte wohl am wenigsten Grund gehabt, sich über die erwähnten Herleitungsversuche lustig zu machen, hatte er doch auf seinem zentralen Gebiet die einfachsten Antinomien schlicht übersehen (Bertrand Russell musste ihn darauf stoßen).

in unendlichdimensionalen Hilberträumen die «Wirklichkeit» repräsentieren, die unabhängig vom Beobachter existiert, während die Messresultate, die wir «wirklich» beobachten, nur einen kontextabhängigen Teilaspekt darstellen.

Das mag uns allen ebenso geheimnisvoll wie Materie oder Leben an sich erscheinen – oder aber ziemlich trivial. Es kann aber auch sein, dass das geheimnisvoll Empfundene auf falschen oder wackeligen Voraussetzungen fußt. Auch Einstein, sicher kein Platoniker, hat sich gewundert: «Wie ist es möglich, dass die Mathematik, die doch ein Produkt des freien menschlichen Denkens ist und unabhängig von der Wirklichkeit, den Dingen der Wirklichkeit so wunderbar angepasst ist?»

Man muss nicht Logiker sein, um die hier gemachten Voraussetzungen anzuzweifeln. Erstens darf hinterfragt werden, inwieweit das menschliche Denken so vollkommen frei ist, und zweitens muss bezweifelt werden, ob es überhaupt unabhängig von der Wirklichkeit sein kann. So viel zu den Voraussetzungen. Die Schlussfolgerung, «die Mathematik sei den Dingen der Wirklichkeit so wunderbar angepasst», kann man nur gewinnen, wenn man Brillen aufsetzt, die alles andere herausfiltern[5] (ich komme noch darauf zurück).

Auch von Jeans' und Penroses Entitäten eines Mathematiker-Gottes halte ich nicht viel mehr als von der Interpretation des Blitzes als Botschaft des Blitz-Gottes an unsere Vorfahren. In der Quantenphysik sehe ich nicht unbedingt eine «Verschärfung» der Situation, sondern,

---

5 Dass «die Mathematik den Dingen der Wirklichkeit so gut angepasst» ist, mag angesichts der unendlichen Anzahl mathematischer Beschreibungsmöglichkeiten fast als trivial erscheinen. Nehmen wir als Beispiel den freien Fall eines Körpers ohne Reibung auf der Erdoberfläche. Der (senkrecht, in Richtung der z-Achse) zurückgelegte Weg $z(t)$ in Abhängigkeit der Zeit t wird durch die Gleichung $z(t) = \frac{1}{2} gt^2$ beschrieben, wobei $\ddot{z} = -g$ die Beschleunigung der Erdanziehung (Normfallbeschleunigung) ist ($g \approx 9{,}81$ [Meter/Sekunde^2]). Wäre aber in Wirklichkeit z eine andere Funktion von t, etwa $z(t) = kt^\alpha$ mit einem Exponenten $\alpha \neq 2$, dann wäre die Mathematik ebenfalls in der Lage, dieses andersartige Fallgesetz korrekt zu beschreiben.

vage formuliert, so etwas wie einen «Unvollständigkeits-Ansatz» für die Erklärung (zumindest eines Teils) der Welt. Mit den «unendlichen Hilberträumen» verhält es sich wie mit Cantors unendlich vielen Stufen des Unendlichen: möglicherweise faktisch gar nicht wahr, aber dennoch ein logisch konsistent konstruierter Erklärungsversuch.

Ich verwerfe mathematische Entitäten an sich nicht in Bausch und Bogen. Als spielerische Ideen und Erklärungsversuche haben sie durchaus eine fundierte Berechtigung. Und sie haben auch im «Drei-Welten-Modell»[6] des Wissenschaftsphilosophen Karl Popper, das meiner Meinung nach völlig ausreicht, ihren angestammten Platz. Aber die Vorstellung, die Welt sei a priori nach mathematischen Prinzipien konstruiert, erscheint mir wie eine riesige metaphysische Sehnsucht nach dem Absoluten (nicht anders übrigens als das *anthropische Prinzip*, die Idee einer Welt, die ausgerechnet für den Menschen erschaffen wurde[7]). Das kommt dem menschlichen Wunsch nach einem schön geordneten Universum weitaus mehr entgegen als das realistische Bild einer chaotischen Welt, die vorwiegend zufalls- und evolutionsgesteuert ist.

---

[6] Popper unterscheidet drei «Welten»: «Welt 1» bildet die physikalische Realität; «Welt 2» ist die Welt unseres Bewusstseins; und die Probleme und Theorien sind die Hauptbestandteile der «Welt 3». Letztere ist überzeitlich und objektiv beständig gegenüber unserem Denken, obwohl sie von ihm geschaffen wird. Zum Beispiel ist die Zahl eine Erfindung, mit der *unabhängig* neue objektive mathematische Probleme ersonnen werden. Irgendwo in der «Welt 3» gibt es also ein Stübchen oder eine Schublade, in der sich die faszinierenden Objekte und Probleme der so genannten «reinen Mathematik» entfalten und gelegentlich ihre Umgebung befruchten …

[7] Das Argument, Materieformen und Lebensarten wären prinzipiell unmöglich, würden die Naturkonstanten andere Werte haben, erscheint mir sehr einäugig. Wie sich in der Physik schon des Öfteren gezeigt hat, ist die Natur ein gut Teil klüger als wir.

Empirie als mathematischer Naturalismus?

Den Platonismus habe ich einmal als eine «intellektuelle Schizophrenie» bezeichnet[8] (die auch der Ursprung des Leib-Seele-Problems ist, an dem sich die Philosophen so ergötzen). Das ist immer noch meine persönliche Überzeugung. Was ist natürlicher als die Annahme, abstrakte mathematische Strukturen verdanken ihre Entstehung weniger abstrakten Strukturen, wobei das Tempo mit dem Wachstum der menschlichen Kultur in Wechselwirkung steht? Dabei geht es nicht darum, gleich einen einzigen Brückenschlag vom Einfachsten, Konkreten zu den abstraktesten gedachten Strukturen zu machen. Das ist vielmehr ein langwieriger Step-by-step-Prozess. Warum sollte man sich nicht vorstellen können, wie die nach und nach abstrakter werdenden mathematischen Begriffe ihren Lauf aus handfesten Alltagserfahrungen genommen haben? Etwa aus dem Hantieren des Frühmenschen mit Steinen und Werkzeugen, dem Beobachten periodischer Prozesse wie Tag und Nacht oder den Mondphasen usw. Damit wäre allemal ein nichtplatonischer mathematischer Naturalismus[9] zu begründen.

Statt ihre mystische Sehnsucht nach dem Absoluten im Platonismus und im anthropischen Prinzip zu befriedigen, sollten sich Mathematiker und theoretische Physiker bei den Biologen ein Beispiel nehmen. Lee Smolin:[10]

Die Biologen haben bereits im 19. Jahrhundert gelernt, sich eine Spezies nicht mehr als etwas Ewiges vorzustellen, sondern als etwas Dyna-

---

8 *Die Architektur der Mathematik*, S. 168.
9 Es gibt interessante Parallelen auf allen möglichen Gebieten. Zu meiner Studienzeit begleitete ich einmal einen Freund, Jurist, zu einer Vorlesung über Philosophie des Rechts, in der der Professor der Frage nachging, wie denn ein Naturalismus des Rechtsempfindens aus der Geschichte «primitiver» Gesellschaften zu begründen wäre.
10 *Warum gibt es die Welt? Die Evolution des Kosmos*, S. 25.

misches. Durch den Selbstorganisationsprozess einer natürlichen Auslese erzeugt sich die lebendige Welt selbst. Damit gelangten sie zu einer wesentlich rationaleren Grundlage für die Biologie, denn nun gibt es Gründe für die Eigenschaften von Wesen, und diese Gründe lassen sich zurückverfolgen, wenn wir ihre Vergangenheit kennen. Für einen Platoniker, der Rationalität mit der Erfindung einer imaginären Welt ewiger Ideen verwechselt, mag es nicht so erscheinen, doch die Biologen und Geologen haben eine unbezahlbare Lektion gelernt: Indem wir natürliche Phänomene als etwas in der Zeit Existierendes ansehen, indem wir sie als etwas Dynamisches und Zufallsbedingtes begreifen, gelangen wir zu einer vollständigeren und rationaleren Einsicht in diese Phänomene.

Meiner Meinung nach muss sich in unserem Verständnis von Physik und Kosmologie ein ähnlicher Wandel vollziehen. Ebenso wie die biologischen Arten sind auch die Naturgesetze möglicherweise nichts Ewiges,[11] sondern eher das Ergebnis eines natürlichen, zeitlichen Prozesses. Es mag Gründe geben, warum die Gesetze der Physik gerade so sind, wie wir sie vorfinden, doch diese Gründe liegen – wie in der Biologie – zum Teil in ihrer Vergangenheit und im Zufall.

Das Voranschreiten dieser Ideen von der Biologie zur Physik wird vor der Mathematik nicht Halt machen. Mathematisches Denken wurzelt zweifellos in der konkreten Wirklichkeit, wenn auch die Genealogie manchmal schwer zu erkennen ist. John von Neumann, einer der kreativsten Geister der ersten Hälfte des 20. Jahrhunderts, drückt dies so aus: «Ich halte es für eine relativ gute Annäherung an die

---

11 Seit ein paar Jahren wird immer intensiver darüber diskutiert, ob denn die so genannten Naturkonstanten tatsächlich ewigen Bestand haben, oder ob sie nicht doch – in kosmologischen Zeiträumen – zeitlich variabel sind. Ich sehe jedenfalls keinen Grund, weshalb sich die so fruchtbare Idee der Evolution, die der Mensch für sein überschaubares Zuhause als Naturprinzip entdeckt hat, nicht auch für den gesamten Kosmos gelten sollte.

Wahrheit – die viel zu kompliziert ist, um etwas anderes als Näherungen zu erlauben –, dass die mathematischen Ideen ihren Ursprung in der Empirie haben ... Hat man sie aber einmal gewonnen, beginnt die Sache ein eigenes Leben zu führen und wird eher als kreativ betrachtet, ganz von ästhetischen Motivationen beherrscht, als ... mit einer empirischen Wissenschaft verglichen.»

Selbst Nicolas Bourbaki, Pseudonym für die berühmteste formalistische Richtung, schreibt zum großen Problem der Beziehungen zwischen der empirischen und der mathematischen Welt: «Dass eine innige Verbindung besteht zwischen experimentellen Phänomenen und mathematischen Strukturen, scheint in ganz unerwarteter Weise bestätigt zu werden durch die jüngsten Entdeckungen der zeitgenössischen Physik. [...] So zeigte es sich am Ende, dass diese innige Verbindung von Mathematik und Wirklichkeit, deren harmonische innere Notwendigkeit wir bewundern sollten, nichts weiter war als eine zufällige Berührung zweier Disziplinen, deren wirkliche Beziehungen viel tiefer verborgen sind, als a priori angenommen werden konnte.»

Wenn es tief verborgen eine Beziehung gibt, kann die Berührung zwischen Empirie und Mathematik so zufällig nicht sein. Eine überbrückende Erklärung ist wohl nur möglich, wenn wir annehmen, die harmonische innere Notwendigkeit – der kleinste gemeinsame Nenner – zwischen Mathematik und Empirie sei schlicht ein gemeinsamer logischer Kern. Und den können wir auch weder unserer natürlichen Sprache noch unserer menschlichen Kultur insgesamt absprechen.

Noch einmal zurück zum Fundament:
Die Henne oder das Ei?

Entspringt die Mathematik der Struktur der Welt oder die Struktur der Welt der Mathematik? Die Frage ähnelt derjenigen, die sich Valentin Braitenberg in einem Aufsatz[12] stellte: «Entspringt die Logik dem Gehirn oder das Gehirn der Logik?» Eine entschiedene Antwort darauf zu haben hieße Wissenschaftstheorie besser verstanden zu haben – oder dies zumindest zu glauben –, als es uns zur Zeit vergönnt ist, meint Braitenberg ironisch. Dennoch beschleicht mich Unbehagen: Hat die so gestellte Frage überhaupt einen Sinn? Drehen wir uns nicht erst dadurch im Kreis, dass wir stillschweigend voraussetzen, entweder das eine oder das andere – entweder die Henne oder das Ei – müsse unbedingt zuerst da gewesen sein? Wenn die Logik ein Grundpfeiler des Universums ist, dann hat sie auch dem Gehirn ihren Strukturstempel aufgedrückt und die Gehirnfunktionen mitgeprägt – was der Mensch durch Selbstreflexion nun mühsam herausfindet. Wäre dagegen die Logik kein Grundpfeiler der Welt, müsste wohl postuliert werden, zumindest gewisse Gehirnfunktionen seien nicht von dieser Welt und hätten einen *unabhängigen* schöpferischen Ursprung – würden also manches, das sie hervorbringen, aus einer Quelle *außerhalb* der Welt schöpfen. Das führt aber den Weltbegriff als Universum ad absurdum. Am einfachsten dürfte schon die Annahme sein, wir seien mit Haut und Haaren – mit Gehirn und Geist – Produkt der Evolution und integraler Bestandteil dieser Welt. Die Denkstrukturen, die unserem Gehirn entspringen, stellen in diesem Kontext nur einige (zweifellos unfertige) Ausprägungen innerhalb eines (vielleicht ebenfalls unfertigen) Rahmens potenzieller Möglichkeiten dar.

Die Frage, ob die Mathematik der Struktur der Welt entspringt oder die Struktur der Welt der Mathematik, ist damit tendenziell kla-

---

12 In: *Die Natur ist unser Modell von ihr.*

rer zu beantworten. Zum einen scheint mir das Argument, die Welt sei mathematisch, weil einige (oder auch viele) mathematische Beschreibungen auf sie passen, ein falscher Schluss zu sein. Die Frage, «warum die Welt mathematischen Regeln folgt», ist einfach falsch gestellt. Zum anderen kann das, was die Welt tatsächlich ist, nicht mit unserer Beschreibung von ihr gleichgesetzt werden.

Doch kehren wir wieder an die «Oberfläche», zur Pragmatik, zurück.

Was vermag Mathematik eigentlich?

Mathematik vermag im Wesentlichen zu beschreiben und zu erkennen – zum Teil auch vorherzusagen. Anderen Wissenschaften wie der Physik oder der Ökonomie hilft die Mathematik dank geeigneter Modelle, Sachverhalte und Phänomene zu erklären. Mathematik enthält reiche, vielschichtige, nicht nur quantitative Beschreibungsmöglichkeiten der Natur und der Wirklichkeit. Aber der Mensch muss interpretieren. So entspricht bei weitem nicht alles, was mathematisch beschrieben in ästhetisch ausgereifter Form vorliegt, einem wirklichen Tatbestand. «Ach, wissen Sie, die Mathematik hat viel mehr Möglichkeiten, als die Natur sie realisieren kann», sagte Professor Harald Lesch am 29. Februar 2004 im ZDF-Nachtstudio, als ein Diskussionsteilnehmer die Zeitumkehr (als Rezept gegen die Zunahme von Entropie nach dem zweiten Hauptsatz der Thermodynamik) ins Spiel brachte.

Die Beschreibungsmöglichkeiten der Mathematik sind sogar so umfangreich, dass viele Modelle zuerst falsch sind. Ist die Qualität der Übersetzung des mathematischen Modells mangelhaft – weil etwa eine Voraussetzung anhand des tatsächlichen Geschehens nicht ausreichend überprüft wurde oder fehlt –, dann kann man schon zu recht abstrusen Schlüssen kommen. Der Mathematiker Ronald

Graham[13] erinnert sich: «Hierzu fallen mir gerade die Leute ein, die als erste mathematisch untersuchten, wie Bienen fliegen, und zu dem Ergebnis kamen, dass Bienen theoretisch gar nicht fliegen können. Die Bienen kümmerte das natürlich nicht. Das Modell wurde dann modifiziert, sodass die Bienen schließlich auch mathematisch betrachtet fliegen konnten.»

Den Gipfel der Ironie erreichen Hans-Peter Beck-Bornholdt und Hans-Hermann Dubben mit ihrer Geschichte *Das Genuesische Zepter*[14]. Mit Hilfe der fünf eingeritzten Zahlen ($A = 294$, $B = 11$, $C = 3$, $D = 70$ und $E = 20$) auf einem angeblich prähistorischen Fund lassen sie eine Reihe obskurer Wissenschafter die wichtigsten Naturkonstanten – und auch noch Informationen über die Zukunft – herleiten, und zwar nach der Formel

$$Y = A^a \times B^b \times C^c \times D^d \times E^e,$$

wobei die Exponenten auf ganzzahlige Werte zwischen -5 und 5 beschränkt sind. Diese mathematische Formel beschreibt alle Naturkonstanten mit fast beliebiger Präzision: die Kreiszahl π (Pi), die Euler'sche Zahl e, die Lichtgeschwindigkeit, die Ruheenergie des Elektrons, die Elementarladung, die Protonenmasse, den Bohr'schen Radius, die Gravitationskonstante usw.

Doch damit nicht genug. Die vor Jahrtausenden in das Zepter eingeritzten Zahlen sagen auch einige hochaktuelle Ereignisse mit erstaunlicher Genauigkeit vorher, zum Beispiel die Entdeckung von Leben auf dem Mars, Beginn und Ende des Zweiten Weltkriegs, das Jahr der deutschen Wiedervereinigung, die Einwohnerzahl von Berlin am 3. Oktober 1990, die Längen des Suez-Kanals und der Chinesischen Mauer und sogar die Telefonnummer des Rettungsdienstes in

---

13 Garfunkel, S./Steen, L. A. (Hrsg.): *Mathematik in der Praxis*, S. 45.
14 In: *Der Hund, der Eier legt: Erkennen von Fehlinformation durch Querdenken*

Baden-Württemberg – lange vor Erfindung des Telefons. Einfach köstlich. Vielleicht wird in der neuen Auflage des Buches auch das Geburtsjahr von Daniel Küblböck hergeleitet ...

Zweifeln Sie jetzt noch an der Omnipotenz mathematischer Beschreibungen? Jetzt sollten Sie erst recht daran zweifeln, da sie schlicht trivial sind; man kann sie auf alles passend machen – das heißt aber auch, sie passen von sich aus auf nichts wirklich. Bei dem, was die Mathematik vermag, geht es nicht nur um Formeln für quantitative Ausdrücke, sondern auch und vor allem um Deutungen, Interpretationen und Strukturen. Mathematik ist in erster Linie eine *strukturelle* Beschreibungssprache. Und im Prinzip sind alle mathematischen Elemente zur künftigen Beschreibung der Welt bereits vorhanden – wie die Buchstaben unseres Alphabets oder die musikalischen Noten für alle künftigen Werke.

Mathematik und Realität

Jede Erklärung, die uns Erscheinungen oder andere Realitäten plausibel macht, erlangt dadurch ebenfalls Realität. Zahlen, ob man sie als konkret oder abstrakt empfindet, sind Realität. Natürliche sowieso. Aber auch rationale und irrationale. Und auch imaginäre Zahlen. In der Natur? Da die Natur unser Modell von ihr ist, sind mathematische Entitäten integrale Bestandteile. Mathematik ist ein (mehr oder minder intellektuelles) Spiel mit in unseren Köpfen existierenden Realitäten.

Doch wodurch wird das mathematische Spiel begrenzt? Es wird am ehesten durch die Fragen begrenzt, die nicht gestellt werden – und durch die zugrunde gelegte Logik, natürlich. Die mathematischen Strukturen sind inhaltlich a priori bedeutungslos. Diese Tatsache kann aber mühelos auf den Kopf gestellt werden: Da sie sich auf nichts Konkretes beziehen, kann argumentiert werden, dass sie sich auf alles nur Mögliche beziehen. Und wenn sie hin und wieder auf einen Sachverhalt unserer konkreten Welt «passen», dann sind wir entzückt. Wirklich profunde Erkenntnisse, auch mathematisch-spielerische, haben eine besondere «Dimension»: Sie sind schlicht horizonterweiternd – auch bezüglich unserer Intuition. (Es gibt aber auch mathematisch-spielerische Modelle, die gar nicht auf die konkrete Welt passen – Sie erinnern sich an das erste Bienenflugmodell; und auch die meisten mathematischen Modelle, die sich auf die Ökonomie beziehen, wollen nicht so recht passen; was hatte noch John von Neumann gesagt – «die Welt ist viel zu kompliziert, um etwas anderes als Näherungen zu erlauben...»; dann muss eben spielerisch weitergeraten werden.)

Andererseits ist nicht alles, was mathematisch, also «ewig wahr» ist, auch interessant – wodurch es verständlich ist, dass mathematische Themen immer wieder auch obsolet werden.

Sicherlich gibt es nahe liegende Dinge, die durch unsere übliche Sprache nicht beschreibbar sind, genauso wie es beobachtbare Phänomene gibt, die durch unsere Mathematik nicht berechenbar sind. Möglicherweise handelt es sich um Dinge und Wahrnehmungen, für die wir noch keine passende Sprache, keine adäquate Mathematik, also noch kein Erklärungsmodell gefunden haben. Oder aber es geht um Prozesse, die sich vielleicht prinzipiell und in aller Zukunft dem mathematischen Einfangnetz verweigern. In diesem Fall könnten vielleicht eines Tages auf der Mathematik basierende Erkenntnisformen entstehen, die wesentlich über die Mathematik, wie wir sie heute denken und verstehen, hinausgehen – Erkenntnisformen, die einen größeren Grad an Universalität aufweisen.

Als kulturelle Erweiterung und Bereicherung unserer natürlichen Sprache scheint mir die Mathematik in weit höherem Maße weltlich zu sein, als die Welt mathematisch ist.

Verwendete und weiterführende Literatur

Die offizielle mathematische Formulierung der Top Seven finden Sie im Internet unter www.claymath.org – sowie auch die Teilnahmebedingungen am Wettbewerb.

A. Bücher

Aczel, A. D.: *Fermats dunkler Raum: Wie ein großes Problem der Mathematik gelöst wurde*. München 1999

Adams, D.: *Per Anhalter durch die Galaxis*. München 2001

Aigner, M./Behrends, E. (Hrsg.): *Alles Mathematik: Von Pythagoras zum CD-Player*. Braunschweig 2002

Barrow, J. D.: *Warum die Welt mathematisch ist*. Frankfurt am Main 1993

Basieux, P.: *Abenteuer Mathematik: Brücken zwischen Wirklichkeit und Fiktion*. Reinbek 1999

Basieux, P.: *Die Top Ten der schönsten mathematischen Sätze*. Reinbek 2000

Basieux, P.: *Die Architektur der Mathematik: Denken in Strukturen*. Reinbek 2000

Basieux, P.: *Die Welt als Roulette: Denken in Erwartungen*. Reinbek 1995

Basieux, P.: *Roulette – Die Zähmung des Zufalls*. München 2001

Beck-Bornholdt, H.-P./Dubben, H.-H.: *Der Hund, der Eier legt: Erkennen von Fehlinformationen durch Querdenken*. Reinbek 1998

Blum, W.: *Die Grammatik der Logik: Einführung in die Mathematik*. München 1999

Braitenberg, V./Hosp, I. (Hrsg.): *Die Natur ist unser Modell von ihr: Forschung und Philosophie*. Reinbek 1996

Davis, P. J./Hersh, R.: *Erfahrung Mathematik*. Basel 1994
Deutsch, D.: *Die Physik der Welterkenntnis. Auf dem Weg zum universellen Verstehen*. München 2000
Devlin, K.: *The Millennium Problems: The Seven Greatest Unsolved Mathematical Puzzles of Our Time*. New York 2002
Devlin, K.: *Muster der Mathematik: Ordnungsgesetze des Geistes und der Natur*. Heidelberg 2002
Devlin, K.: *Mathematics: The New Golden Age*. New York 1999
dtv-Atlas Mathematik. 2 Bände; München 1998
Dröscher, V. B.: *Die Überlebensformel*. Düsseldorf 1979
Dudley, U.: *Mathematik zwischen Wahn und Witz*. Basel 1995
Einstein, A./Infeld, L.: *Die Evolution der Physik*. Reinbek 1995/2002
Feynman, R. P.: *QED: Die seltsame Theorie des Lichts und der Materie*. München 2002
Fischer, E. P.: *Die andere Bildung*. München 2001
Garfunkel, S./Steen, L. A. (Hrsg.): *Mathematik in der Praxis: Anwendungen in Wirtschaft, Wissenschaft und Politik*. Heidelberg 1989
Hilbert, D.: *Die Hilbertschen Probleme*. Thun/Frankfurt a. M. 1998
Hofbauer, J./Sigmund, K.: *Evolutionstheorie und dynamische Systeme – Mathematische Aspekte der Selektion*. Berlin/Hamburg 1984
Meschkowski, H.: *Denkweisen großer Mathematiker*. Braunschweig 1990
Nagel, E./Newman, J. R.: *Der Gödelsche Beweis*. München 1992
Polya, G.: *Schule des Denkens: Vom Lösen mathematischer Probleme*. Tübingen 1995
Popper, K. R.: *The Logic of Scientific Discovery*. London 1977
Russell, B.: *Human Knowledge: Its Scope and Limits*. London 1976
Russell, B.: *Probleme der Philosophie*. Frankfurt am Main 1973
Smolin, L.: *Warum gibt es die Welt? Die Evolution des Kosmos*. München 2002
Sossinsky, A.: *Mathematik der Knoten: Wie eine Theorie entsteht*. Reinbek 2000
Stachel, J. (Hg.): *Einsteins Annus mirabilis: Fünf Schriften, die die Welt der Physik revolutionierten*. Reinbek 2001

Stewart, I.: *Mathematik: Probleme – Themen – Fragen.* Basel 1990
Stewart, I.: *Die Zahlen der Natur: Mathematik als Fenster zur Welt.* Heidelberg 1998
Thorp, E. O.: *The Physical Prediction of Roulette.* 1982
Walz, G. (Hrsg.): *Faszination Mathematik. Mit Beiträgen von Sir M. Atiyah, H. S. MacDonald Coxeter u. a.* Heidelberg 2003
Whitehead, A. N./Russell, B.: *Principia Mathematica.* Mit einem Beitrag von K. Gödel. Frankfurt am Main 1999
Yandell, B. H.: *The Honors Class: Hilbert's Problems and Their Solvers.* Natick (Massachusetts) 2002
Zeilinger, A.: *Einsteins Schleier: Die neue Welt der Quantenphysik.* München 2003

B. Artikel

Awschalom, D. D. et al.: «Mit Spintronik auf dem Weg zum Quantencomputer». *Spektrum der Wissenschaft* Nr. 8/2002
Behrends, E.: «P = NP?» *Die Zeit* Nr. 10/1999
Bennett, C. H. et al.: «Die Evolution der Kettenbriefe». *Spektrum der Wissenschaft* Nr. 1/2004
Blum, W.: «Pipeline zur Wahrheit» (Warum folgt die Welt mathematischen Regeln?). *Die Zeit* Nr. 35/1998
Blum, W.: «Obsthändlers Weisheit» (Kepler'sche Vermutung). *Die Zeit* Nr. 14/1999
Blum, W.: «Obst in Formeln» (Kepler'sche Vermutung). *Die Zeit* Nr. 34/2003
Blum, W.: «Mathematik für Millionen». *Die Zeit* Nr. 22/2000
Blum, W.: «Chaos hilf!» (Quantenphysik und die Riemann'sche Vermutung). *Die Zeit* Nr. 3/2001
Chaitin, G. J.: «Grenzen der Berechenbarkeit» (Komplexitätstheorie). *Spektrum der Wissenschaft* Nr. 2/2004
Cipra, B.: «Wer wird Millionär?» OMEGA: Das Magazin für Mathematik, Logik und Computer/*Spektrum der Wissenschaft* SPEZIAL Nr. 4/2003

Connes, A.: «Scheinwerfer auf die Realität: Wie die Mathematik Wirklichkeiten findet und erschließt». *Frankfurter Allgemeine Zeitung* 26.2.2000

Dähn, A.: «Teilchen im Irgendwo» (Quantencomputer). *Die Zeit* Nr. 44/2002

Dawson jr., J. W.: «Kurt Gödel und die Grenzen der Logik». *Spektrum der Wissenschaft* Nr. 9/1999

Eichberger, J.-I.: «Roulette Physics». http://www.roulette.gmxhome.de (Dec. 27, 2003)

Grötschel, M./Padberg, M.: «Die optimierte Odyssee» (Kombinatorische Optimierung). *Spektrum der Wissenschaft* Nr. 4/1999

Hawking, S.: «Mein Standpunkt» (Was ist Realität?). *Die Zeit* Nr. 34/1993

Hersh, R.: «Ist die Mathematik von dieser Welt?» *Frankfurter Allgemeine Sonntagszeitung* Nr. 41/2001

Lessmöllmann, A.: «Brillantes Versagen» (Paradoxien der Logik). *Die Zeit* Nr. 26/2001

Lessmöllmann, A.: «Mathe mit Lasso» (Poincaré-Vermutung, Mathematiker G. Perelman). *Die Zeit* Nr. 18/2003

Nielsen, M. A.: «Spielregeln für Quantencomputer». *Spektrum der Wissenschaft* Nr. 4/2003

Pöppe, C.: «Wurden die komplexen Zahlen entdeckt oder erfunden?» OMEGA: Das Magazin für Mathematik, Logik und Computer/*Spektrum der Wissenschaft* SPEZIAL Nr. 4/2003

Pöppe, C.: «Der Beweis der Catalan'schen Vermutung». OMEGA: Das Magazin für Mathematik, Logik und Computer/*Spektrum der Wissenschaft* SPEZIAL Nr. 4/2003

Pöppe, C.: «Der Beweis der Kepler'schen Vermutung». *Spektrum der Wissenschaft* Nr. 4/1999

Randow, G. v.: «Glänzende Ideen, brillant ins Bild gesetzt» (Visuelle Mathematik). *Frankfurter Allgemeine Sonntagszeitung* Nr. 48/2001

Rauchhaupt, U. v.: «Jeder ist so komplex wie das Universum» (Mathematiker Stephen Wolfram). *Frankfurter Allgemeine Sonntagszeitung* Nr. 20/2002

Rauchhaupt, U. v.: «Das Eine-Million-Dollar-Problem» (Poincaré-Vermutung, Mathematiker G. Perelman). *Frankfurter Allgemeine Sonntagszeitung* Nr. 16/2003

Rauner, M.: «Mathe Sechs, Ehe kaputt – Die Wissenschaft schenkt uns die Differenzialgleichung der Liebe». *Die Zeit* Nr. 22/2003

Springer, M.: «Die Kepler-Vermutung – Ein erschöpfender Beweis». *Spektrum der Wissenschaft* Nr. 9/2003

Stewart, I.: «Ein Vierteljahrhundert Mathematik» (Mathematisches Denken). *Spektrum der Wissenschaft* Nr. 5/2003

Tegmark, M./Wheeler, J. A.: «100 Jahre Quantentheorie». *Spektrum der Wissenschaft* Nr. 4/2001

Tetens, H.: «Die Grenze» (Naturwissenschaft und Mathematik). *Die Zeit* Nr. 37/1999

Wehr, M.: «Die unheimliche Macht der Ästhetik» (Wenn theoretischen Physikern Daten fehlen). *Die Zeit* Nr. 2/2001

Register

Absolutes 27, 169
Abstraktion 75
Abzählschema 160
Adams, Douglas 109
Adleman, Leonard 119, 124
Alexander, James W. 158
Algebra 44
– Fundamentalsatz der 28
algebraisch abgeschlossener Körper 28, 41
algebraische Geometrie 73, 75, 95
algebraische Mannigfaltigkeiten 73, 76
algebraische Struktur 26, 97
algebraische Topologie 60
algebraischer Hauptsatz der komplexen Zahlen 28, 41
Algorithmische Informationstheorie 103
Algorithmus 83–85, 107, 110, 113, 120, 123–126, 139, 155
– effizienter 107, 110–112, 118
– euklidischer 107
– genetischer 118
– linearer 24
– statistischer 85
Anfangsbedingungen 85, 91f.
– glatte 93f.
Anfangswertproblem 82
anthropisches Prinzip 17, 169f.
Antinomien 11, 167
Appel, Kenneth 136, 138f., 144
Argument 26f.
Artin, Emil 158
Aufschneiden 48f.
Automorphismus 59
Axiome 11
Axiomensystem, formales 100

Ballistik-Algorithmen 85 (Algorithmus)
Berechnungsstrategie 114
Bernoulli-Axiom 104
Berry, Michael 35
Bertrand'sches Postulat 151
Beweis, mathematischer 12, 14, 134, 154
– computergenerierter 136–138, 144
– nachvollziehbarer 137, 139f.
Bienenflugmodell 177
bijektive Abbildung 161
Bimatrixspiel 105
Bionik 119
Birch, Brian 37
Birkhoff, William George 135
Bohr, Niels 159
Borgs, Christian 126
Borodzin, K.W. 154
Bourbaki, Nicolas 172
Braitenberg, Valentin 173
Brouwer, Luitzen 167
Bruch 38, 44
Brun'scher Witz 153

Cantor, Georg 19, 160, 167, 169
Cardano, Geronimo 25
Catalan, Eugène Charles 146, 148
Catalan'sche Vermutung 146, 154
CERN 98
Chaitin, Gregory 103
Chaos 36, 92f., 169
Chaostheorie 35f., 52, 89
Chen, J.R. 154
Chuang, Isaac 125
Clay, Landon T. 7
CMI (Clay Mathematics Institute of Cambridge, Massachusetts) 7–9, 12, 35, 77, 86, 90, 96f.
Collatz, Lothar 155

Collatz'sches Problem 155–157
Computer 99, 110, 113, 119
– mathematische Beweise 136–139, 144
– universeller 101
Connes, Alain 36
Cook, Stephen 113

Demographie 108
Descartes, René 54
Differenzial 75
Differenzialgleichung der Liebe 84
Differenzialgleichungen 79, 81–83, 86f., 92
– Anwendung 84, 86
– Ehekrach 88
– gewöhnliche 83f.
– Kugelbewegung 85
– lineare 83f.
– partielle 79, 83, 91, 95
– quadratische 84
– zweiter Ordnung 80
Differenzialrechnung 49, 69f., 73, 129
Differenziation 70
Differenzierbarkeitsstruktur 69f.
Dimension 24, 73, 107, 177
Diophant 37, 129f.
diophantische Gleichung 37
divergente Reihe 30
DNS als Rechner 119
Donaldson, Simon 70
Dreikörperproblem 92
Drei-Welten-Modell 169
Dunwoody, Martin 71
dynamische Systeme 87, 92
Dyson, Freeman, 35

Eheleben, mathematisch entschlüsseltes 88f.
Eichprinzip 97
Eindeutigkeit 157
Einheitskreis 27, 38f., 42
– Inversion am 28
Einheitsquadrat 23

Einheitswurzel 27 (Quadratwurzel)
Einstein, Albert 61, 165–167
Einstein'sche Gleichungen 96, 166
elliptische Kurve 43, 45f., 50, 74 (Kurve)
– algebraische Form 44
Endlosschleifen 101
Energiegewinnung 107
Entropie 106, 174
Entscheidungstheorie 114, 117
Entscheidungsverfahren 37
Eratosthenes 151
Erlanger Programm 48
Erweiterung 25, 74
Euklid 11, 21f., 30, 47, 49, 151
euklidische Ebene 24, 26, 65
euklidischer Raum 24
– dreidimensionaler 62f.
Euler, Leonhard 28, 30f., 53f., 130
Euler'sche Gleichung 46
Euler'sches Produkt 31
Evolution 119
– als Algorithmus 118
– für den Kosmos geltende 171
Existenz, logische 157
Exponentialfunktion 84, 87
Exponentialzeit-Algorithmus 107

Faktorisierungs-Algorithmus 123–125
Faktorzerlegungsmethode 107, 112
Faltings, Gerd 131
Fefferman, Charles L. 90
Fermat, Pierre de 129
Fermat'sche Gleichung 37, 130
Fermat'scher Satz, letzter 13, 38, 72, 129–131, 140f., 154
– Lösung 131f.
Fermat-Kurve 40
Fields-Medaille 67
Fischer, Ernst-Peter 165
Flächen 42, 51, 64
– nichtorientierbare 54
Flächentopologie 56f. (Topologie)

Fraktale 52
Freedman, Michael 67, 70
Frege, Gottlob 167
Freiheitsgrad 93
Fundamentalgruppe 60, 66 (Gruppen-...)
– triviale 67
Fünffarbensatz 135 (Vierfarbenvermutung)
Funktionentheorie 26, 29, 34, 41

Galilei, Galileo 165
Gauß, Carl Friedrich 28, 32, 54, 58
Gauß'sche Zahlenebene 26f.
Gedankenexperimente 47, 111, 124
Geometrie 24, 47–50, 58, 65, 95
– algebraische 73, 75, 95
– als Gruppentheorie 60
– euklidische 58f.
– hyperbolische 59
– nichteuklidische 58
– Vereinheitlichung der 58
Geometrie der Mannigfaltigkeiten 60
geometrische Reihe 30
Geometrisierungsvermutung 72, 158
Geschlecht 42, 58
Glattheit 58f., 93
Gleichung 8, 25, 40f.
– fünften Grades 112
Gleichung, Lösung 20, 27
– unbekannte 15
– rationale 42
– ganzzahlige 37
Gödel, Kurt 11, 100f., 115, 149
Gödel'sches Loch 150
Goldbach'sche Vermutung 13, 153
– starke/schwache 153f.
Google 162f.
Gottmann, John 88
Graham, Ronald 174f.
Grand Unified Theory of Mathematics 74, 133
Graphentheorie 53, 135
Grenzwert 28f.

Grothendieck, Alexandre 76
Gruppen 44, 50
– algebraische Struktur 97
– sporadische 157
Gruppen-Isomorphismus 51
Gruppentheorie 44, 48, 60
Gummigeometrie 48

Hadamard, Jacques 32
Haken, Hermann 52
Haken, Wolfgang 136, 138f., 144
Hales, Tom 140f., 143f.
Halteproblem 101 (Turing-Maschine)
Hamilton, William 135
Heawood, Percy John 135
Hilbert, David 10, 31, 37, 99f., 137, 167
Hilbertraum, unendlichdimensionaler 168f.
Hilberts Vision 100f.
Hodge-Raum 75f.
Homöomorphie 51, 55, 66f.
Hsiang, Wu-Yi 143
Hyperbelfunktion 84
Hyperflächen 73
Hyperkugel 61
– vierdimensionale 65

imaginäre Einheit 80
Imaginärteil 25
Information 104f.
Informationsmenge 106
Informationstheorie 106
Inklusionsfolge 21f.
Integralrechnung 69f., 73, 129
Integrationskonstante 82
Invarianten 50, 58f.
Invarianz 47f., 97
Ionencomputer 122
isomorphe Körper 26

Jeans, James 167f.
Jordan, Camille 50
Jordan'scher Kurvensatz 49f.

Karp, Richard 112
kartesische Ebene 26, 44
kartesisches Produkt 23f., 26
Katastrophentheorie 52
Kehrwert 27, 30, 152
Kelvin-Problem 142
Kepler, Johannes 140
Kepler'sche Vermutung 140–142, 145, 154
Klassifikationstheorem 50, 57, 157
Klassifizierung 50, 66
– dreidimensionaler Mannigfaltigkeiten 72, 158
Klein, Felix 48, 58–60
Knoten 54, 158f.
Knotentheorie 51
Koeffizientenvergleich 81
Kolmogorow, Andrej 103f.
Kompaktifizierung 63
komplexe Division 27
komplexe Nullstelle 28
komplexe Zahlen siehe Zahlen, komplexe
Komplexität 105, 110, 118
– und Information 104
Königsberger Brückenproblem 53f.
Kontinuumhypothese 112
konvergente Folgen 49
Kreisteilungskörper 148
Kreiszahl (Pi) 19, 139
Kronecker, Leopold 19, 167
Kryptologie 8, 23, 112, 119
Kugel 55f.
– Geschlecht 65
– mit «Henkel» 56–58
Kugelpackungsproblem 141f.
Kurve 44 (elliptische Kurve)
– differenzierbare 68f.
– einfach geschlossene 50
– Geometrie der 40
– geschlossene 55f.
– glatte 68f.
– stetige 68f.
Kurvendiskussion 79 (Differenzialrechnung)

Ladyzhenskaya, Olga 94
Lagrange, Joseph Louis 28
Laufzeit 109
– polynomiale und exponentielle 107
Legendre, Adrien-Marie 32
Leibniz, Gottfried Wilhelm 93
Leib-Seele-Problem 170
Lesch, Harald 174
Lindemann, Ferdinand 19, 167
Listing, Johann 545
logarithmisches Integral 34
Logarithmus 32
Logik 10f., 15, 172f.
Lügnerparadoxon 11

Malthus, Thomas 108
Mandelbrot, Benoît 52, 167
Mandelbrot-Menge 69
Mannigfaltigkeiten 52, 64
– algebraisch definierte 73, 76
– differenzierbare 69 (Differenzial-...)
– dreidimensionale 66f., 72, 158
– Geometrie der 60
– höherdimensionale 64, 67, 73
– n-dimensionale 65
– vierdimensionale 67
– zweidimensionale 62, 64f.
Massenlücke 95, 97
Massepunkt 69, 92
Mathematik 7f., 165, 172
– der Ehe 88f.
– Formalisierung 11, 100
– Grundlagenkrise 10
– in der Quantenwelt 122
– klassische Ästhetik der 139
– nichtplatonische 170
– omnipotente 176
– reine 17, 115

– strukturelle Beschreibungssprache 176
Mathematik als Wissenschaft
– empirische 172
– Königin 18
– nicht exakte 116
mathematische Entitäten 167, 169
mathematische Methoden 166
mathematische Physik 7
mathematische Wahrheit 8, 15, 17, 19 (Wirklichkeit, mathematische)
mathematischer Mystizismus 166
mathematischer Naturalismus 170
Matijasevic, Jurij 37
Menge 10
– vergleichbare 160
– wohlgeordnete 160f.
Mengenbildung 23
Mengenlehre 18f., 160
Mengenproduktbildung 24
Metamathematik 11
Mihailescu, Preda 146, 148
Millennium-Meeting 7f., 10
Millennium-Probleme 7–9, 11, 14, 29, 31, 83, 91
– Lösung 12f.
– populäre Darstellung 15
Milnor, John 137f.
Möbius, August 54
Möbius'sche Ebene 59
Möbius'sche Geometrie 58
Möbius'sches Band 54, 57
Montgomery, Hugh 35
Mordell, Lewis 43
Mordell'sche Vermutung 131
Münzwurfspiele 103f.

Nachbarschaftsgeometrie 48
Nachrichtenübermittlung 111
Nanotechnologie 126f.
Nash, John 105
Naturgesetze, zeitlich variable 171
Navanlinna-Preis 123
Navier-Stokes-Gleichungen 79, 90–93

Netzwerktheorie 135
Neumann, John von 100, 105, 171, 177
neuronale Netzprogramme 118
Newton'sche Mechanik 84
Nichtlinearität 92 (Chaos-...)
NP-vollständiges Problem 113 (Problem)
Nullstellen 28, 45f.
– triviale 34
Nullsummenspiel 105

Objektkategorien 157
Objektklasse 50
Optimierungen 117f.
Optimierungsproblem 111f., 114f., 117
Orangen-Pyramiden 140
Ordnungsfindung 125
Ordnungsprinzip 59
Ordnungsstrukturen 160f.

Paradoxa 10f.
Parallelenaxiom 112,149
Penrose, Roger 167f.
Perelman, Grigori 71, 158
Pi 19, 32f.
Planck, Max 120
Planetenbewegungen 166
plastische Verformungen 48f., 51 (Transformation)
Platonismus 17, 166, 170
Poincaré, Henri 10, 60, 66
Poincaré-Vermutung 65f., 68, 71, 158
– Beweis 67, 71f.
Polynom 28, 80
– in zwei Variablen 41
Polynomgleichungen 73, 76
Polynomialzeit-Algorithmus 83, 113
Popper, Karl 169
Populationsgenetik 87
Potenz 37, 147
Potenzreihen 28
Potenzzwillinge 147
Prigogine, Ilya 52
Primzahldichte 33

Primzahlen 22f., 30f., 110, 124, 130, 147, 149–151, 153
- beliebiger Größe 152
- Eigenschaften 148
- Kehrwerte 30, 152
- Summe zweier 153
- unendlich viele 30
Primzahlproblem 149f.
Primzahlsatz 32, 116, 151
Primzahlverteilung 29, 32, 34, 41, 116
Primzahlzwillinge 147, 152
- Kehrwerte 152
- unendlich viele 13
Prinzip der Impotenz 149
Prinzip des hinreichenden Grundes 97
Problem 74, 155
- einfaches 111
- gelöstes 93
- Typ NP 111–113, 115, 118
- Typ P 110, 113, 115, 118
- ungelöstes 149
Problemklassen 113f.
Programmiersprache 99f., 102
Public-Key-Code 124
Pythagoras, Satz des 26, 130
pythagoreische Gleichung 28, 42
pythagoreischer Tripel 37, 130

Quadrate, magische 149
Quadratur des Kreises 13, 112, 149
Quadratwurzel 21, 23, 25
Quadratzahlen 30
Quantenchaos 34–36
Quantenchromodynamik 98
Quantencomputer 120–127
Quantenfeld 97
Quanteninformatik 120
Quantenkryptographie 127
Quantenlogik 96
Quantenmechanik 35, 115, 169
Quantenoptik 121
Quantentheorie von Yang und Mills 95, 97f.

Quantenzustand 121
Qubits 121–126

Raten, glückliches 111
rationale Punkte 43f.
- unendlich viele 45
Räuber-Beute-Modell 87
Raum
- dreidimensionaler 64, 98
- leerer 97
- vierdimensionaler 68
Raumzeit 61
- vierdimensionale 70
Rechenberg, Ingo 119
Reduktionismus 117
Rêgo, Eduardo 71
Riemann, Bernhard 31, 58, 64
Riemann'sche Vermutung 12, 30f., 34, 36, 41, 116
Rivest, Ronald 124
Robinson, Neil 145
Roulette 84, 86, 122, 149
Rundreiseproblem 83, 108, 111, 113f., 118f.
Russell, Bertrand 10, 167
Russell'sches Paradoxon 11

1-Sphäre 61–63
2-Sphäre 62f., 73
3-Sphäre 61, 63, 66
n-Sphäre 67
Sanders, Daniel P. 145
Satz vom Igel 52
Schieflage 85
Schließung 159
Schön, Gerd 123
Selbstorganisationsprozess 171
Seymour, Paul 145
Shamir, Adi 124
Shannon, Claude 106
Shor, Peter 123
Sieb des Eratosthenes 151
Silizium-Chip 120f.
Singularität 89, 93

Smale, Stephen 67, 92
Smolin, Lee 97, 166, 170
Sortierungsverfahren 110
Spieltheorie 88, 100, 105
Stachel, John
stereographische Projektion 62f.
stetige Abbildung 48, 51
Stetigkeit 52, 68f., 93
Strömungen 92f.
Strukturgleichheit 55f.
Superstrings 159
Symmetrien 48, 97
– Eichgruppe 98
Synergetik 52

Taniyama-Shimura-Vermutung 72, 132
Taubes, Clifford 70
Taylor, Richard 132
Teilbarkeit 22, 29
Teilchenbeschleuniger 98
Teilchenfalle 122
Teilerfindungsproblem 111
Teilmenge, nichtleere 160f.
Theoretische Informatik 8, 11, 83, 99, 113, 115, 123
Thom, René 52
Thomas, Robin 145
Thurston, William 66, 72
Top Seven 14, 16
Topologie 7, 47, 50, 52, 61, 64f., 73, 135
– Repräsentationssystem aus Standardflächen 58
topologische Abbildungen 64
topologische Äquivalenz 42, 51, 55
topologische Invarianten 48, 58
topologische Strukturgleichheit 51, 66 (Homöomorphie)
topologische Transformation 48, 50, 54
Torus 55–57, 66
Tóth, László Fejes 143
Trägermengen 160f.
Transformation 48, 50, 54, 59, 148

– projektive 59
– punktweise definierte 64
– strukturtreue 50
Transformationsgruppe 59
Turing, Alan 101f., 115
Turing-Maschine 101, 111
– kosmische 118
– nichtdeterministische 111

überabzählbar 70
Überlagerungen 122
überzufälliges Muster 104
Umkehroperation 26
Umkehrung 51
Unbekannte 20, 37, 146
Unberechenbarkeit 101, 115
unendliche Summe 30
Unendliches 19, 62
– unendlich viele Stufen 169
Unendlichkeitsbeweis 167
unentscheidbare Aussagen 150
Unschärferelation 19, 35
Unvollständigkeitssatz 11, 100, 115, 169

Vallée-Poussin, Charles de la 32
Variable 41, 44
Vektor 26f., 61
Vektormaximum-Problem 117
Vektorraum 75
– der Differenzialformen 75f.
Verformung 55
– plastische 47–49, 51
Verknotungen 51, 159 (Knoten)
Vermutung 15f., 155
Vermutung von Birch und Swinnerton-Dyer 37f., 45f., 74
Vermutung von William Hodge 73
Verschlingungen 158
Verschränkung 120 (Qubits)
Vierfarbenvermutung 134f., 154
– computerfreier Beweis 138f.
– mit Computer bewiesene 136f., 144
– topologisches Problem 135
vollständige Enumeration 115

Wachstum, exponentielles 87, 108
Wachstumsgeschwindigkeit 87
Wachstumsmodell, ökonomisches 84
Wahrscheinlichkeit 36, 104
– und Information 106
Wahrscheinlichkeitsrechnung 129, 147
Walther, Herbert 121
Walz, Guido 166
Wärmetod 107
Wechselwirkungen 95, 97
Wegfunktion 69
Weyl, Hermann 97
Wiles, Andrew 38, 72, 131f.
Winkeldreiteilung 13, 149
Winkelgeschwindigkeit 85
Wirbeltheorie der Atome 158f.
Wirklichkeit, mathematische 16, 167–169, 173f., 177
wissenschaftlicher Aufsichtsrat (SAB) 7–9, 12–14 (CMI)
Witten, Edward 159
Wohlordnung 160–162
Würfel 55, 61
Würfelverdopplung 13, 149

Yang-Mills-Gleichungen 79, 95
Yang-Mills-Quantenfeldtheorien 95, 97f. (Quanten-...)

Zagier, Don 151
Zahlen, ganze 19f., 23, 38, 45, 129f., 160
Zahlen, imaginäre 19, 25
Zahlen, irrationale 19, 21, 23, 176
– Approximationen 148
Zahlen, komplexe 21f., 25f., 29, 31, 41
– algebraischer Hauptsatz 28, 41
– als Paare reeller Zahlen 26
– Menge 21, 26
– Nullstellen 28
Zahlen, natürliche 19–22, 100, 147, 150–152, 154f.
– Kehrwerte 30
Zahlen, negative 25, 160
Zahlen, rationale 19, 21, 38f., 160, 176 (Bruch)
Zahlen, reelle 21–23, 25, 29, 161
– geordnete Paare 24
Zahlen, transzendente 19
Zahlenarten 20
Zahlenerweiterungen 20f., 25, 74
Zahlengerade 23
Zahlenmengen 20, 21 (Mengen-...)
Zahlenpaare 44
Zahlenraum, reeller n-dimensionaler 24
Zahlentheorie 7, 34, 44, 115, 151f.
– prinzipiell unvollkommene Wissenschaft 149
Zeit
– exponentielle 107
– irreversible 106
– nichtdeterministische 111
– polynomiale 83, 110–113, 120
zeitabhängige Veränderungen 82
Zeitumkehr 174
Zetafunktion (Riemann'sche) 30f., 34, 45
– erweiterte 32 (Zahlen, komplexe)
– Nullstellen 36
Zielfunktionen 111, 118
Zöpfe 158f.
Zufall 104, 115, 151, 169
Zufallsanteil 109
Zufallsprinzip 105
Zufallsschätzungen 111